有機農業は人びとに笑顔を与える農業
食べる人も、つくる人も、等しく豊かにする！

(注)ここに示した写真は、筆者の「有機農業イメージ」です。本文とは直接、関係ありません。

有機農業で世界が養える

足立恭一郎
Kyoichiro Adachi

コモンズ

はしがき

　これは、まさに「コペルニクス的転回」だ。
　米国ミシガン大学のキャサリン・バッジリー助教ら8名の共同研究チームが発表した「有機農業と世界の食料供給」と題する論文を一読して、私はそう思った。
　これまで「有機農業は単収（単位面積あたり収量）において慣行農業（農薬や化学肥料に依拠する農業）に劣るから、人口扶養力は慣行農業より小さい」と言われてきた。それが「常識」だ。
　「慣行農業より単収が低い有機農業の推進は、世界人口の20～30%を餓死させることにつながる」と批判されもした。農林水産省は、有機農業を政策的に推進しない理由のトップに、こうした「常識」を掲げ続けた。「有機農業の推進に関する法律」（通称「有機農業推進法」）が2006年12月に制定・施行されるまで、農林水産省が有機農業に対してきわめて冷淡だったのは、周知のとおりである。
　だが、バッジリー助教らの論文はその「常識」（地動説）を根底からくつがえしたのだ。
　本書で詳しく紹介するように、「常識」が妥当するのは先進国（developed countries）であり、途上国（developing countries）では通用しない。そして、先進国と途上国を合わせた世界（地球）全体でも、有機農業は単収において慣行農業より優れ、人口扶養力も大きい。それが今日、「新たな常識」（天動説）になりつつある。──バッジリー助教らは、そう論証したのだ。まさに、コペルニクス的転回というにふさわしい。

　私はバッジリー助教らの論文の存在を2008年4月下旬に偶然知った。農林水産省の研究機関において、あしかけ30年を超える長い年月、有機農業を研究してきた者として、この論文に出会えたことをうれしく思うと同時

に、世界の有機農業研究の最新情報を半年以上も遅れて知ることになる不明を、私は恥じた。ともあれ、この論文との出会いの経緯を紹介しておこう。

　2006年3月に農林水産省・農林水産政策研究所(旧農業総合研究所)を定年退職したのを契機に、私は終の住処と定めたフィリピン南部のミンダナオ島ダバオ市に移住した。現在はダバオ湾に浮かぶ常夏の小島、サマール島のサマール・アイランド・ガーデン市(面積300㎢、人口約9万人。以下「サマール市」と略称)の地域おこし(OTOP : One Town One Product＝フィリピン版一村一品運動)のお手伝いをしている。

　ピラミッド型社会の尖端に位置する、わずか数％の特権階級層が富の過半を搾取・占有し、底辺部分を占める圧倒的多数の一般市民が貧困にあえぐ構図。換言すれば、治安の悪さが弥漫して何の不思議もないほど極度に富が偏在しているにもかかわらず、サマール島を含むダバオ市周辺地域はフィリピンの他の地域はもとより、東南アジア周辺諸国に比して格段に治安がよい。気候は常夏(湿気がなく、日本の夏よりしのぎよい)で、人情は厚く、かつ物価は安く、年金生活者にはとても住みやすい。しかし、この"事実"を知る日本人は少ない。

　地域おこしのお手伝いは、こうしたカッコ付きの「楽園」のような生活を享受させていただくことに対する、私なりのささやかな返礼である。

　そんな私の「楽園」生活やミンダナオ島の農業に興味があるのか、有機農業の研究仲間の蔦谷栄一氏(農林中金総合研究所)が2008年4月初めの数日間、ダバオに滞在された。

　知るかぎりの見聞(といっても、わずか2年程度の見聞だが)を要約して伝えた私に対して、蔦谷氏は帰国後、「ご参考までに」と同氏の友人・近藤康雄氏の「メモ」を送付してくださった。同年5月1日のことである。

　奇遇にも、その「メモ」が本書執筆の契機となった。十数行の短文なので、以下に全文引用する。

2007.10「The Organic Standard 誌」記事から翻訳

近藤康雄

Organic farming can feed the world
有機農業は世界の食料需要を満たすことが出来る

　雑誌『持続可能な農と食のシステム(Renewable Agriculture and Food Systems)』に掲載された新しい研究によると、有機農業は、相当程度まで世界全体の食料供給を満たすことが出来る潜在力を持っているとのことである。

　米国ミシガン大学の研究チームは世界各地の293の事例を調査し、"先進国"における有機農業は平均して慣行農業の92％の単収があることを見出した。そして、"発展途上国"では、慣行農業よりも80％超の生産性があることが明らかにされた。現在、世界全体では1日1人当たりにして2,786キロ・カロリーに相当する生産がなされている。国連の食糧農業機関(FAO)のデータを使って、この研究チームは、「有機農業だけで食料を生産した場合、1日1人当り2,641〜4,381キロ・カロリーの供給が可能である」と試算している。

　この試算の低い方の数字であっても世界の食料需要を満たすのに充分であるということになる。栄養学者が好ましいと考えるカロリーは2,200〜2,500キロ・カロリーなのである。

　私は、さっそく英国ケンブリッジ大学出版会のインターネット・ホームページにアクセス。『持続可能な農と食のシステム』誌に掲載されたミシガン大学の共同研究チームの論文と同稿に対するコメント論文(次の(1)〜(3))を購入し、ダウンロードした(5月2日)。

⑴　Catherine Badgley, et al., "Organic Agriculture and the Global Food Supply", *Renewable Agriculture and Food Systems*, Vol.22, No.2, 2007, pp.86–108.

⑵ "Editorial response by Kenneth Cassman : Can Organic Agriculture Feed the World――Science to the Rescue ? ", *Renewable Agriculture and Food Systems*, Vol.22, No.2, 2007, pp.83-84.
⑶ "Editorial response by Jim Hendrix", *Renewable Agriculture and Food Systems*, Vol.22, No.2, 2007, pp.84-85.

　冒頭に記したように、バッジリー助教らの論文を一読して私は、「この論文は、有機農業の生産力、人口扶養力に対する『常識』を根底からくつがえすもの」、まさに「コペルニクス的転回」と思った。そして、日本の多くの人びとに知らせたいと考えた。これが、私が本書を書くに至る動機である。

CONTENTS

はしがき 2

第1章 有機農業の食糧生産力は慣行農業に劣らない
米国ミシガン大学共同研究チームの"発見"

1 生産力の比較 10

　基礎データは293標本53カ国 10
　単収比を求める 11

2 ミシガン大学共同研究チームの"発見" 13

　"発見"の内容 13
　単収比を示す表2の「読み方」 16
　信頼できる単収比 18
　無作為抽出の意味と293標本の信頼性 20

3 有機質(窒素)肥料は足りるのか? 21

　「足りて、余りある」という見解 21
　生データ統計処理に対して浮かんだ疑問 24
　"再計算、再々計算"で主張の成立を確認 27

第2章 発見に対する研究者のコメントを検証する

1 科学的要件を満たしていないという批判は正しいのか 30

　科学的検証に耐え得ないデータを論拠にしているという批判 30
　技術評価の基本認識が誤っているコメント 32
　高く評価できる生データの公表 36

2 深刻な誤謬に基づいているという批判は正しいのか 37

　挑戦的なコメントに出合う 37
　途上国における単収比の解釈が誤っているという批判 38
　マメ科植物の栽培可能な農地面積は限られているという批判 39

途上国の化学肥料投入量は増えない *40*
マメ科植物の栽培可能な農地面積の算出は妥当 *41*

第3章 単収が多いフィリピンのバイオダイナミック農法

ハイブリッド米を上回る平均収量 *44*
バイオダイナミック農法はなぜ急増しているのか *45*
自治体へのアプローチ *48*
直売店の位置づけ *51*
さまざまな農法の単収比 *52*

第4章 日本の有機農業の生産力

1 私が有機農業にこだわる理由(わけ) *58*
2 有機農業は決して「ぜいたくな農業」ではない *61*
3 有機農業の多面的な公益的機能 *65*
4 平均より収量が多い有機農家も少なくない *69*

第5章 有機農業は世界(全人類)を養える

1 ポイントは単収比の信頼性 *74*
2 先進国の単収比を用いた食糧生産量の推計 *76*
3 現実の状況に近い食糧生産量の推計 *78*
4 有機農業による「1日1人あたりカロリー供給量」の推計 *81*

あとがき *84*

有機農業の食糧生産力は慣行農業に劣らない

米国ミシガン大学共同研究チームの"発見"

キャサリン・バッジリー助教ら8名の共同研究チーム（以下「バッジリー助教ら」と略称）は2006年6月、「有機農業と世界の食糧供給」と題する論文を『Renewable Agriculture and Food Systems（持続可能な農と食のシステム：RAFS）』誌に投稿。同論文は、07年6月に同誌第22巻第2号に掲載された。

RAFS誌は「自然農法や有機農業など『持続的農業システム』に関する農学・社会学・経済学的な研究成果を科学的に論じ合う場」として、1986年から2001年初めまで米国ヘンリー・ワラス代替農業研究所が刊行していた学術研究誌『American Journal of Alternative Agriculture（米国代替農業雑誌：AJAA）』を改題したものだ。01年11月以降は英国ケンブリッジ大学出版会から刊行されており、世界の有機農業研究者たちはAJAA誌およびその後継誌のRAFS誌を「持続的農業システムに関する良質の学術研究誌」と高く位置づけている。

1　生産力の比較

基礎データは293標本53カ国

バッジリー助教らの分析方法は単純明快である。有機農業と慣行農業との単位面積あたり収量（＝単収）比較を行なった既存の研究資料を渉猟し、見つけた91資料（その80％以上は有機農業研究誌での掲載論文、単行本。20％弱はコンファレンス資料、大学の紀要、民間や政府系研究機関の資料）によって得た293標本（サンプル、データ）から作目別の「単収比（有機農業の単収÷慣行農業の単収）」を求め、その後に続く分析の基礎データとしている。

もっとも古いものは1976年、最新は2005年であり、先進国160標本、

表1 単収を比較（有機農業 vs 慣行農業）した293標本の国別分布

先進国(160)				途上国(133)			
米国	53	中国	16	エチオピア	3	グアテマラ	1
ドイツ	44	バングラデシュ	14	キューバ	3	コロンビア	1
カナダ	14	インド	10	タンザニア	3	シエラレオネ	1
スイス	12	フィリピン	7	ホンジュラス	3	ジンバブエ	1
英国	10	ペルー	7	マダガスカル	3	チリ	1
スウェーデン	10	インドネシア	5	セネガル	2	ニカラグア	1
イスラエル	4	ケニア	5	ニジェール	2	パラグアイ	1
オーストラリア	3	スリランカ	5	ボリビア	2	ブルキナファソ	1
ニュージーランド	3	ネパール	5	マラウイ	2	ベトナム	1
イタリア	2	パキスタン	5	アルゼンチン	1	ベニン	1
デンマーク	2	タイ	4	ガーナ	1	マリ	1
スペイン	1	ブラジル	4	カメルーン	1		
ノルウェー	1	ラオス	4	ガンビア	1		
日本	1	ウガンダ	3	カンボジア	1		

途上国133標本である。また、53カ国(米国は12州)から広く収集されている。

表1に国別分布を示した。一見してわかるように、標本の出現回数にはかなり偏りがある。また、中国を途上国に分類するのが妥当かどうかは、見解の分かれるところであろう。

理想を言えば、各国から均等に標本を収集し、標本総数も厳密な統計的検証に耐えうるよう、最低でも1000標本は集めたい。だが、たとえ293であっても、作為のない標本数を積み上げれば自ずと見えてくる「事実」があることを、この共同研究は示している(標本収集や分析手法に関する研究者のコメントなどについては、第2章で詳しく検討する)。

単収比を求める

有機農業と慣行農業との単収を比較するために、バッジリー助教らは小麦、米、トウモロコシなど作目別の単収比を標本からそれぞれ計算し、これを基礎データとする。

表2は作目を穀物、いも類、肉類、乳・乳製品など「食料内訳」別に整

表2 単収比(有機農業 vs 慣行農業)の計算結果

食料内訳	(A) 世界			(B) 先進国			(C) 途上国		
	標本数	平均	標準偏差	標本数	平均	標準偏差	標本数	平均	標準偏差
穀物	171	1.312	0.06	69	0.928	0.02	102	1.573	0.09
いも類	25	1.686	0.27	14	0.891	0.04	11	2.697	0.46
砂糖類	2	1.005	0.02	2	1.005	0.02			
豆類	9	1.522	0.55	7	0.816	0.07	2	3.995	1.68
油糧作物・植物油	15	1.078	0.07	13	0.991	0.05	2	1.645	0.00
野菜類	37	1.064	0.10	31	0.876	0.03	6	2.038	0.44
果物類	7	2.080	0.43	2	0.955	0.04	5	2.530	0.46
植物性食料合計①	266	1.325	0.05	138	0.914	0.02	128	1.736	0.09
肉類	8	0.988	0.03	8	0.988	0.03			
乳・乳製品(バターを除く)	18	1.434	0.24	13	0.949	0.04	5	2.694	0.57
卵	1	1.060		1	1.060				
動物性食料合計②	27	1.288	0.16	22	0.968	0.02	5	2.694	0.57
食料合計(①+②)	293	**1.321**	0.05	160	**0.922**	0.01	133	**1.802**	0.09

理分類し、世界全体293、先進国160、途上国133について、それぞれ単収比の「平均」と「標準偏差」を計算したものである。そして、図1に、表2に示されるバッジリー助教らの"発見"を視覚化した。

単収比の値については、定義式(単収比＝有機農業の単収÷慣行農業の単収)から明らかなように、それぞれ以下を意味している。

「単収比＞1」は「有機農業の単収＞慣行農業の単収」
「単収比＝1」は「有機農業の単収＝慣行農業の単収」
「単収比＜1」は「有機農業の単収＜慣行農業の単収」

したがって、たとえば、「単収比 0.96」は「有機農業の単収が慣行農業の単収の96％」であること、つまり、「有機農業は慣行農業より単収が4％少ない」ことを表す。

図1　食料内訳別単収比の比較

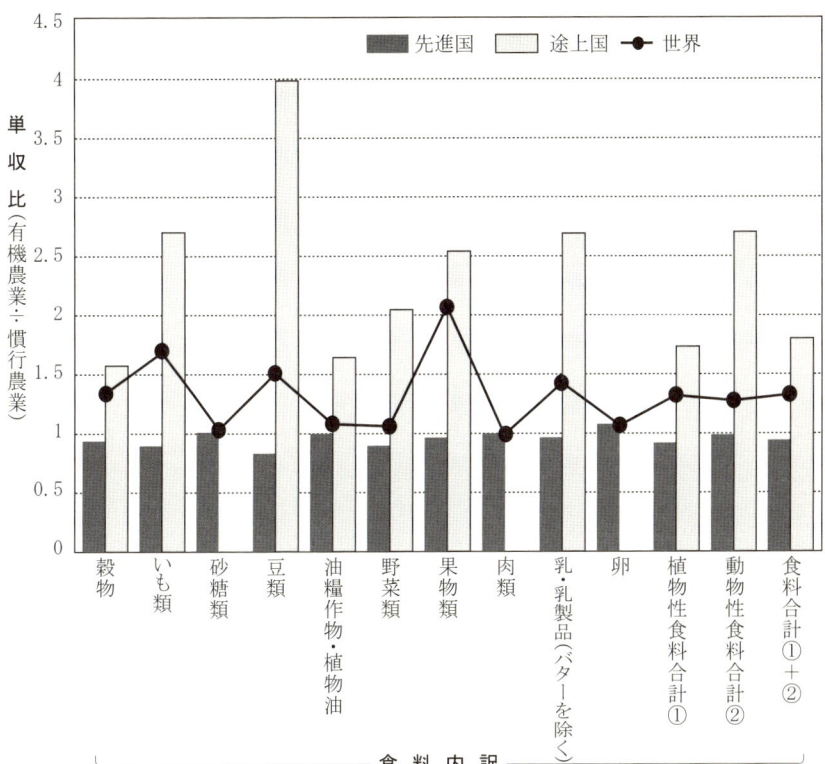

2　ミシガン大学共同研究チームの"発見"

"発見"の内容

　さて、われわれは、表2(図1)から、次のような"発見"を読み取ることができる。以下に示す(b)と(c)は、初耳に感じる人が多いのではないか。私自身、表2に示された数値を見て、にわかには信じがたい気持ちでいっぱいだった。

　(a)先進国においては、「有機農業は慣行農業より単収が7.8％少ない」(理

由:「食料合計(①+②)」の単収比「平均」を見ると 0.922 となっている)。
(b)途上国においては、「有機農業は慣行農業より単収が **80.2% 多い**」。
(c)先進国と途上国を合わせた世界(地球)全体では、「有機農業は慣行農業より単収が **32.1% 多い**」。

バッジリー助教らは、さらに、表2の単収比とFAO(国連食糧農業機関)の「2001年データ・ベース(食糧生産、カロリー供給)」を使って有機農業の「潜在的食糧生産力(1日1人あたりカロリー供給量)」を推計し、「有機農業で世界の全人口(01年)を養える」ことを丁寧に論証する。

「2001年現在、世界(地球)全体では1日1人あたり2,786キロ・カロリーに相当する食糧が(慣行農業によって)生産されていた(FAO資料)。表2に整理した単収比を使って同時期の有機農業の『潜在的食糧生産力(1日1人あたりカロリー供給量)』を推計すると、2,641〜4,381キロ・カロリーとなる。栄養学者が好ましいと考えるカロリー摂取量(成人)は概ね2,200〜2,500キロ・カロリーだ。これを考慮すれば、『世界の全人口を有機農業によって扶養することは十分可能であった』といえる」(共同論文92ページ。ここに示されたカロリー供給量の推定方法等の詳細については、第5章「有機農業は世界(全人類)を養える」を参照)。

こうした、バッジリー助教らの"発見"とそれに基づく「有機農業の潜在的食糧生産力(1日1人あたりカロリー供給量)」推計は草稿段階から関係者の耳目を集め、各所で紹介されている。たとえば、2007年5月にイタリア・ローマで開催されたFAO「有機農業と食糧安全保障に関する国際会議(International Conference on Organic Agriculture and Food Security)」の「有機農業と食糧の入手可能性(Organic Agriculture and Food Availability)」分科会で紹介され、「全体会議」でも"発見"の一部分が紹介された。

この国際会議には80を超える国・地域か

ら約 350 名の参加者があり、有機農業の可能性（生産性、食糧の地域自給、地球環境の保全、食の安全・栄養）について観察事実（一部仮説推計を含む）に基づく多面的な検討が加えられたという。ちなみに、参加者の所属内訳は 66 の FAO 加盟国、3 つの国連機関、5 つの政府間機関、15 の国際型 NGO（非政府組織）、30 の国内型 NGO、24 の研究機関、31 の大学、8 つの企業、9 つの農民団体である。同会議「参加者リスト」によると、日本からは農林水産省国際部国際協力課の職員、在イタリア日本大使館の参事官、一等書記官および二等書記官の計 4 名が参加している。

この国際会議を通じて、バッジリー助教らの"発見"は世界に広く知られるところとなった。定年退職して有機農業研究の第一線から退いたとはいえ、かくも刺激的かつ魅力的な"発見"を世界の有機農業研究者たちに半年以上も遅れて知る不明を、私は深く恥じた。

ところでバッジリー助教らは、有機農業の人口扶養力を推計するために論文紙幅の 70% 以上を費やしている。これに対して、推計根拠となる肝心の単収比については何ら解説もなく、表 2 の提示のみにとどめている。私は、この点を強く疑問に感じる。その理由は、次のとおりである。

私が本書の各所でバッジリー助教らの"発見"を「有機農業の生産力、人口扶養力に対する『常識』を根底からくつがえす、コペルニクス的転回」と諸手をあげて称賛したのは、表 2 が示す前掲(b)および(c)の「観察事実」に接したからである。

すでに述べたように、有機農業は単収において慣行農業に**劣る**というのが、巷間の「常識」であった。しかし、バッジリー助教らが提示した表 2 によれば、「常識」とされるものが妥当するのは先進国のみである。その「常識」は途上国では通用せず、先進国と途上国を合わせた世界（地球）全体では、有機農業は単収において慣行農業に**勝る**とも**劣**らない。私はこれこそが彼女らの研究貢献であり、その後に続く「有機農業の潜在的食糧生産力（1 日 1 人あたりカロリー供給量）」推計は"発見"の本質ではない、と考える。

なぜなら、「先進国の単収比＜1、途上国の単収比＞1、世界の単収比＞1」

という「観察事実」が統計学的に「ゆるぎない(信頼に足る)」ものでさえあれば、それを根拠にして紙幅の大部分を割き、苦心して推計した有機農業の潜在的食糧生産力(1日1人あたりカロリー供給量)は、自動的に「演繹」される。つまり、「前提(＝単収比)を認めるならば、結論(＝有機農業の生産力)もまた必然的に認めざるをえないもの」だからである。

すなわち、先進国と途上国を合わせた世界(地球)全体での単収比1.321という表2の標本観察が統計学的に「ゆるぎない(信頼に足る)」ものであるなら、「慣行農業から有機農業への農法転換によって人類は現状の1.321倍の食糧を確保しうる」、もしくは「有機農業は慣行農業の1.321倍の人口扶養力を有する」と言いうるのだ。学術的表現を用いて少し気取ると、「他の事情が同じならば(ceteris paribus)当該農業の食糧生産力(カロリー供給量)および人口扶養力は単収比に比例する」。

このように考えれば、もっとも重要なのは「表2に示される単収比が統計学的に『ゆるぎない(信頼に足る)』かどうかの検証」だと合点がいく。そして、検証の結果、"もし"単収比が統計学的に「信頼できない」となれば、バッジリー助教らの「有機農業の潜在的食糧生産力(1日1人あたりカロリー供給量)」推計作業は根拠を失い、すべてが徒労に帰すことになる。

単収比を示す表2の「読み方」

考えてみれば、バッジリー助教らの共同論文は学術研究誌に投稿された「学術論文」であり、「想定される読者」は専門的な知識を共有するプロの研究者である。一般教養程度の統計学の知識は当然、備えていよう。したがって、彼女らは「標本(サンプル、データ)数、平均、標準偏差を3点セットで提示しておけば、表2の単収比が統計学的に『ゆるぎない(信頼に足る)』ことは自明であり、それ以上の解説は**不要**」と考えたのかもしれない。そう考えれば、先述の私の疑問は氷解する。

しかし、一般読者(非専門家)を想定する本書にあっては解説が**必要**であろう。以下、表2を読むための基礎知識を簡明に解説しておきたい。

標準偏差とは、「個々の標本(サンプル、データ)の値が平均値からどの程度、

第1章　有機農業の食糧生産力は慣行農業に劣らない

図2　一般的なデータの分布

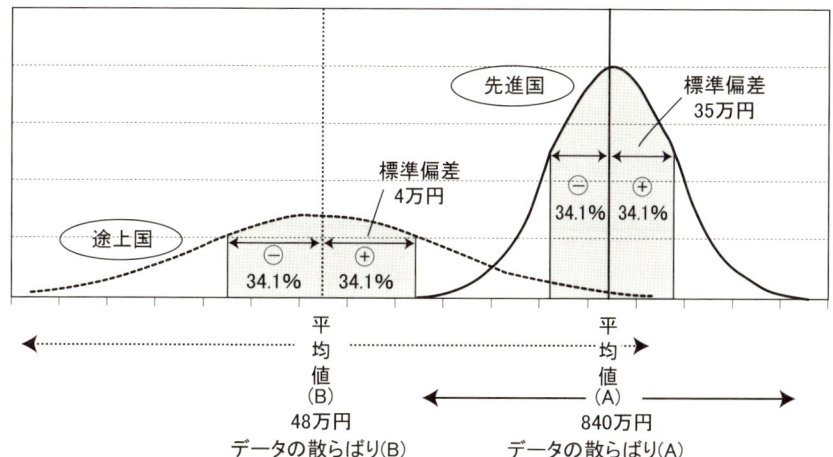

乖離しているか」を示す指標である。標本の出現頻度が平均値の近くでは高く、平均値から離れるにつれて低くなるような「一般的なデータの分布」（正規分布という）を仮定すると、「平均値−標準偏差」から「平均値＋標準偏差」の範囲に全データの約68％が含まれることがわかっている（図2）。だが、標準偏差は平均値とセットで表示されてはじめて意味をもつ指標であり、単独では意味がない。

　たとえば、先進国Aの農家所得の標準偏差が35万円、途上国Bのそれが4万円だったとして、これより直ちに「A国はB国より農家間の所得格差が大きい」とは言えない。このとき、仮にA国の平均農家所得が年840万円（月70万円）、B国のそれが48万円（同4万円）とすれば、農家所得の「平均値に対する標準偏差の割合（＝変動係数）」はそれぞれA国約0.04（35万円÷840万円）、B国約0.08（4万円÷48万円）となる。ここから、先ほどとは逆に「A国はB国より農家間の所得格差は小さい」あるいは「A国の農家間所得格差は『平均値±0.5カ月分の所得』、B国のそれは『平均値±1カ月分の所得』」という結論が導ける。

　もう一つの重要な要素は、標本の数と質である。

　たとえばA国では統計調査が行き届いており、毎年「無作為」抽出した

1000戸の農家の平均所得とその標準偏差を公表しているが、B国では「任意」抽出による20戸の農家の平均所得とその標準偏差をときどき公表していると仮定しよう。このケースではB国統計の信頼性の低さゆえに農家間所得格差に関するA・B二国間比較は正確には行えず、参考程度の位置づけにとどめておかざるを得ないことになる（標本抽出の無作為性の意味については、20ページで詳しく説明する）。

信頼できる単収比

表3は、以上を基礎知識として表2を書き換えたものである。たとえば穀物・世界・単収比の平均値の「下限(1.25)」は「平均(1.312)－標準偏差(0.06)」、「上限(1.37)」は「平均(1.312)＋標準偏差(0.06)」で、変動係数(0.046)は「標準偏差(0.06)÷平均値(1.312)」（平均値に対する標準偏差の割合）により求められる。

表3　単収比の「確からしさ（信頼性）」を検証する

食料内訳	(A) 世界			(B) 先進国			(C) 途上国		
	標本数	単収比 下限～上限	変動係数	標本数	単収比 下限～上限	変動係数	標本数	単収比 下限～上限	変動係数
穀物	171	1.25～1.37	0.046	69	0.91～0.95	0.022	102	1.48～1.66	0.057
いも類	25	1.42～1.96	0.160	14	0.85～0.93	0.045	11	2.24～3.16	0.171
砂糖類	2	0.99～1.03	0.020	2	0.99～1.03	0.020			
豆類	9	0.97～2.07	0.361	7	0.75～0.89	0.086	2	2.32～5.68	0.421
油糧作物・植物油	15	1.01～1.15	0.065	13	0.94～1.04	0.050	2	1.64～1.65	―
野菜類	37	0.96～1.16	0.094	31	0.85～0.91	0.034	6	1.60～2.48	0.216
果物類	7	1.65～2.51	0.207	2	0.92～1.00	0.042	5	2.07～2.99	0.182
植物性食料合計①	266	1.28～1.38	0.038	138	0.89～0.93	0.022	128	1.65～1.83	0.052
肉類	8	0.96～1.02	0.030	8	0.96～1.02	0.030			
乳・乳製品（バターを除く）	18	1.19～1.67	0.167	13	0.91～0.99	0.042	5	2.12～3.26	0.212
卵	1	1.06～1.06	―	1	1.06～1.06	―			
動物性食料合計②	27	1.13～1.45	0.124	22	0.95～0.99	0.021	5	2.12～3.26	0.212
食料合計（①＋②）	293	1.27～1.37	0.038	160	0.91～0.93	0.01	133	1.71～1.89	0.050

定義式より明らかなように、変動係数が小さいほど「平均値±標準偏差」の変動(振れ、散らばり)が少なく、したがって「平均値そのもの」の「確からしさ(信頼性)」の程度が高い。換言すれば、その平均値は「ゆるぎない(信頼に足る)」と言える。図2で言えば、途上国の変動係数は大きく(山が低く、裾野が広い＝標本が広く分散している)、先進国の変動係数は小さい(山が高く、裾野が狭い＝標本が平均値のまわりに集中している)。

どの程度の大きさの変動係数をもって「信頼に足る」と判断するかは、研究者個々人の裁量に委ねられている。私は「標準偏差が平均値の5％(変動係数値として0.05)程度」を「一応の」目安にしている。「一応の」とカッコ書きにしたのは、標本の質と量との兼ね合いにより、変動係数が0.05以上でも許容したり、0.05以下でも許容しない場合があるためだ。

たとえば、穀物の途上国の変動係数は0.057である(表3)。しかし、標本数が102と相対的に多く、また、すぐ後に述べる(21ページの「7つの多様性」参照)ように、無作為抽出に近い標本の採り方になっている。そこで、私は「穀物・途上国・単収比＝1.573」(表2)を信頼に足ると判断した。これに対して、砂糖類の先進国の変動係数は0.020、果物類のそれは0.042である。だが、標本数はともにわずか2と少なすぎるために、両者は信頼性を判断する段階にはない。

以上を基礎知識にしてもう一度、表3をながめてみよう。

変動係数5％程度および標本数10以上を目安にする場合、信頼に足るのは世界・先進国・途上国の穀物、先進国のいも類、油糧作物・植物油、野菜類、乳・乳製品(バターを除く)であり、その他の単収比は信頼性にやや難点がある。しかし、標本をプールして計算した植物性食料合計、動物性食料合計、食料合計の単収比は、信頼性において「問題なし」との判断が可能である(途上国の動物性食料合計を除く)。

世界の動物性食料合計の変動係数は0.124と0.05を大きく超えているが、これは途上国の5標本の影響を受けたためである。これに対して、先進国の22標本の変動係数は0.021と小さい。変動係数は一般的に標本数が増すほど安定する傾向があるので0.124を「許容の範囲内」と考え、「問題なし」

とした。

　したがって、総じて言えば、バッジリー助教らが提示した単収比は統計学的に「ゆるぎない(信頼に足る)」と評価して大過ない。私は、そう判断する。

無作為抽出の意味と 293 標本の信頼性
　最後に、標本抽出の無作為(＝ランダム)性の意味について説明しておこう。
　例として、「教育方針の相違が生徒の成績に反映するか否かを調査するために、方針の異なる A 小学校と B 小学校における 6 年生の理科の成績を比較する場合」を考える。言うまでもなく、もっとも単純明快な比較方法は、両小学校の 6 年生全員に同じ理科のテストを受けさせて、その結果を比べることである(＝全数調査)。

　だが、事情があって、それができない。そこで、次善策として、両小学校の代表者それぞれ 15 名にテストを受けさせて、その成績を比較することにした(＝標本調査)。その際、A 校では成績優秀な生徒を中心に代表者を選び(＝有意抽出)、B 校では「くじ引き方式」で代表者を選んだ(＝無作為抽出：ランダム・サンプリング)と仮定する。

　B 校のケースでは成績上位・中位・下位の生徒がくじに当たる確率はそれぞれ「15÷6 年生総数(＝母集団)」に等しい。そして、このように無作為抽出された標本は母集団の性質・構造・法則性(この例の場合は、成績ランク別生徒割合)を正しく反映しており、代表者 15 名の理科のテスト結果(＝標本調査)は 6 年生全員に同テストを実施した場合(＝全数調査)と整合的な結果(成績分布)が得られる。つまり、無作為抽出の採用によって、標本(B 校の代表者 15 名)は「母集団(B 校の 6 年生全体)のよい縮図」たり得ているのだ。

　これに対して A 校のケースでは、選択の恣意性(偏り、バイアス)ゆえに標本は「母集団のよい縮図」たり得ず、したがって、参考(「こんな標本もある」という)程度の位置づけにとどめざるを得ない。当然ながら、教育方針の相違に関する調査は、A 校における有意抽出(標本選択の恣意性)が災いして、成立しなくなる。

では、バッジリー助教らが提示する標本(単収比)はどうだろうか？

彼女らが収集した293標本には「7つの多様性」が内在しているといえる。そして、この多様性ゆえに、各標本は期せずして無作為抽出された標本、つまり、特定の年代・地域・期間・行為主体・品目・気候風土・出典への偏り(バイアス)のない標本に"近い状態"になっている。幸運と言うべきであろう。なお、ここでいう「7つの多様性」とは、以下のとおりである。

①観察年代の多様性……1976年〜2005年。
②観察地域の多様性……先進国14ヵ国、途上国39ヵ国。
③観察期間の多様性……1作期〜20年を超える栽培観察期間。
④行為主体の多様性……農家、研究者、研究機関(公立・私立)。
⑤観察品目の多様性……穀物(米、小麦、トウモロコシなど)、いも類など植物性食料32種類。肉類、乳・乳製品など動物性食料6種類。
⑥気候風土の多様性……気温：冷涼地域〜熱帯地域、雨量：乾燥地域〜湿潤地域。
⑦標本出典の多様性……有機農業研究誌、単行本、コンファレンス資料、大学の紀要、民間・政府系研究機関の資料など総計91資料。

3　有機質(窒素)肥料は足りるのか？

「足りて、余りある」という見解

「世界中が慣行農業から有機農業に転換したら、有機質肥料(なかんずく窒素肥料)は足りるのか？」との問いかけは、「慣行農業より単収の低い有機農業の推進は、世界人口の20〜30%を飢えさせることと同義ではないか？」に次いで多い"詰問"だ。

農林水産政策研究所に奉職以来、頑固な有機農業推進論者であった私は、定年退職するまで、これら二様の一見、素朴なようでいて実は厳しい糾弾

意図が潜む質問を、所長はじめ上司、同僚ときには後輩から飽きるほど浴びせかけられた。さらに、こう冷笑されもした。

「生産性が低く、価格の高い有機農産物は、金持ちの国および個人にしか買えない。有機農業は『地球環境にやさしい』かもしれないが、『貧乏な国や人には冷淡』だなぁ。結局のところ、『貧乏人は食うな』ということか？」

これに対して私は、隔靴掻痒感に堪え、忸怩（じくじ）たる思いに苛（さいな）まれながらも、そうした詰問に直接、答える代わりに、次元を異にする「6つのメリット」（66ページ）を論じることによって有機農業（運動）の現代的意義を強調。国の責任において有機農業推進法などの法制度を整備し、試験研究を充実させて、有機農業がかかえる技術的隘路（低収量など）を打開すべきことを主張し続けた（詳しくは、第4章を参照）。

だが、バッジリー助教らの論文のおかげで、私はようやく詰問に対峙し、質問者たちの糾弾に直接、回答できる。私はこの論文に出合える"強運"に改めて感謝した。もし出合えなかったら、私は南国ダバオ市の住み心地よさと有機農業推進法制定・施行の吉報に満足して、本書を著すインセンティヴ（強い意志）が沸かなかったかもしれないからである。

実際ダバオ市、そしてサマール市（サマール島）には、私のような日本の定年退職者の心を癒してくれる「不思議な魅力」がある。退職者の眼前に広がるのは、昭和30年代前半の昔懐かしい日本の下町や田園の風景である。

ダバオ市ののどかな下町風景。心がホッと和らぐ

さて、バッジリー助教らは表4を示して「**有機質（窒素）肥料は足りる**」と、いともあっさりと言う。

「表4に整理したように、**現状の食用作物の生産量（＝世界中の人びとへの食糧供給量）を減らすことなく**、①冬期（温帯地域）休閑中の被覆（cover-crop-

表4　マメ科植物（被覆作物：緑肥）の窒素供給力

		世界	米国	備考
①	全農地面積	15億1,320万ha	1億7,730万ha	
②	マメ科の飼料作物の栽培面積	1億5,110万ha	3,600万ha	
③	マメ科植物を被覆作物として栽培可能な農地面積	13億6,210万ha	1億4,130万ha	①－②
④	冬期休閑期や食用作物の収穫後に被覆作物として栽培されるマメ科植物が産生する「haあたり窒素量（年間）」	102.8 kg/ha・年	95.1 kg/ha・年	
⑤	食用作物の栽培を減らさずに供給可能なマメ科植物（被覆作物）由来の窒素量	1億4,000万t	1,340万t	③×④
⑥	慣行農業で使用された化学肥料（窒素）量	8,200万t	1,090万t	2001年
⑦	慣行農業で使用された化学肥料（窒素）量を超えるマメ科植物由来の窒素量	5,800万t	250万t	⑤－⑥

ping）作物として、②食用作物の生育中にその畝・条・株間に植える間作（inter-cropping）作物として、あるいは③食用作物の収穫後、次の食用作物を栽培するまでの間の被覆作物として栽培され、収穫せずにそれぞれ『緑肥』（green manure）として、そのまま土壌中に鋤き込まれる『マメ科植物』（足立注：クローバー、ウマゴヤシ、アルファルファ、レンゲ、ルーピン、ベッチ、セスバニア、カウピー、クロタラリアなど）が供給する窒素量（＝化学〔窒素〕肥料相当量）は世界全体で約1億4,000万tにも達する。これは2001年に世界中の慣行農業で使用された化学（窒素）肥料8,200万tを優に5,800万tも上回る量である」（共同論文92ページ：意訳）。

　有機質（窒素）肥料の供給源としては、①農場の収穫残渣（稲・麦・トウモロコシ・果菜類・葉菜類の茎や根の部分、根菜類の葉や茎の部分など）、②堆肥、③厩肥、④マメ科植物などがある。そして、バッジリー助教らは、こう主張する。

　「本稿では、マメ科植物由来の窒素のみを推計し、その他の窒素（収穫残渣、堆肥、厩肥）は計算に入れない。しかし、それにもかかわらず、われわれは『緑肥』（＝生物的窒素）として食用作物の栽培体系に組み込まれたマメ科植物から、化学肥料（＝化学合成窒素）よりはるかに多くの窒素を確保でき

る」(共同論文93ページ)。

　素直に読めば、有機質(窒素)肥料は「足りて、余りある」ことになりそうである。ただし、その主張の論拠となるデータの「読み方」と統計処理の仕方には、残念ながら首肯しがたいものがある。

生データ統計処理に対して浮かんだ疑問

　バッジリー助教らが収集したのは76論文で、そのうち33論文は温帯地域、43論文は熱帯地域が対象である。それぞれ「マメ科植物(被覆作物)が供給(産生)する1haあたり窒素量」を計測している。

　以下に示すのは、そのような計測値に基づいて彼女らが計算した平均値である。

　1) 世界平均 102.8 kg (標準偏差 71.8：標本数 76)
　2) 温帯平均　95.1 kg (標準偏差 36.9：標本数 33)　【A】
　3) 熱帯平均 108.6 kg (標準偏差 99.2：標本数 43)

　そして、バッジリー助教らは、このうちの「世界平均(102.8 kg)」を使って表4を作成し、有機質(窒素)肥料は「足りて、余りある」と主張する。しかし、当然ながら、先の単収比の場合と同様、もし当該数値が統計学的に信頼できなければ、それを論拠とする主張は論拠を失い、破綻する。

　はたせるかな、私の懸念は現実となる。否、正確には「なりかけた」と言うべきであろう。「なりかけた」と書く理由は後に明らかにするが、試みに各平均値の変動係数(標準偏差÷平均値)を計算すると、世界0.698、温帯0.388、熱帯0.913であった。したがって、表4の作成に使用した「世界平均(102.8 kg)」は、統計学的に判断して、「信頼度に難あり」と言わざるを得ないことになる(その理由については、19ページ参照)。

　思うに、バッジリー助教らには、「原標本(生データ)の特性を読み取り、当該特性に応じた標本処理を的確に行う」という統計処理の基本を疎かにする傾向がありそうだ。世界の主要な文献を渉猟し、単収比については293、マメ科植物の窒素供給量については76の標本を収集・分析した、同チームの労を多とするにやぶさかではない。けれども、私の見るかぎり、標本の

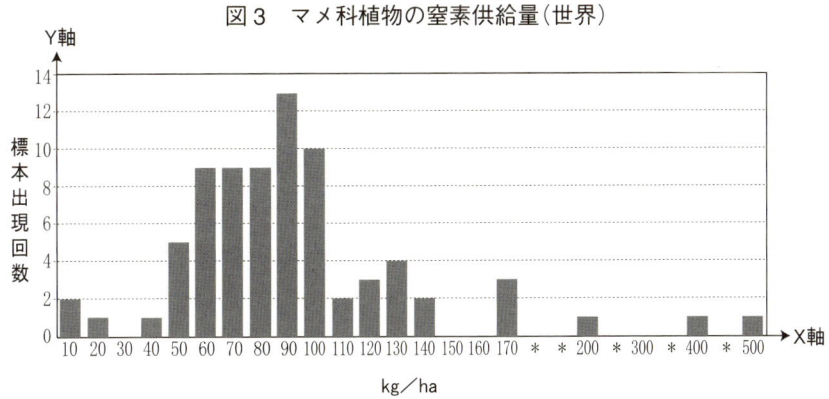

図3 マメ科植物の窒素供給量(世界)

前処理(調理でいえば、食材料の下ごしらえ)が不十分だ。

ちなみに図3は、バッジリー助教らが公表する原標本(生データ)を用いて作成した、マメ科植物の窒素供給量のヒストグラム(度数分布図：76標本)である。マメ科植物の1haあたり窒素供給量は、わずか10 kg台(2標本)から500 kg台(1標本)まで、きわめて広く分布している(＝裾野が広く、かつ、標本出現回数の多い部分〔＝モード〕がY軸側に偏っている)。

このような分布特性を有する標本の平均値を求める場合、前処理抜きで、いきなり平均値を計算してはならないことは、誰の目にも明らかだ。なぜなら、その平均値は「異常値(極端に小さい数値、極端に大きい数値)」に影響されて歪みを生じるからである。

簡単な例を示そう。「教育方針の相違が生徒の成績に反映するか否かを調査するために、方針の異なるA小学校とB小学校における6年生の理科の成績を比較する場合」を考える。

この設問は20ページで提示したものと同じだが、今回は「くじ引き方式」(無作為抽出：ランダム・サンプリング)で選抜した、A・B両小学校の代表者それぞれ6名に理科のテストを受けさせて、その成績を比較するものとする。テストの成績は以下のとおりであった。

　　A小学校：**0点**、60点、75点、80点、85点、90点
　　B小学校：40点、55点、60点、65点、70点、**100点**

このテスト結果から、もし私が「6人の平均点(＝算術平均)は、A・B両小学校ともに65点だ。したがって、教育方針の違いによる成績差は見られない」と主張したら、あなたは納得できるだろうか？　読者の多くは、「A小学校では0点の存在が同校の平均点を引き下げ、逆に、B小学校では100点の存在が同校の平均点を引き上げている」と直感し、「平均点の求め方にひと工夫が必要」とコメントするだろう。

上の成績例は、平均値が異常値(A小学校の0点、B小学校の100点)の影響を受けて歪むようにつくったものだが、こうした「異常値の影響を除く方法」はいくつかある。

第1は、標本から異常値そのものを除去して平均値を求める方法。

＊A小学校の異常値は0点、B小学校のそれは100点だから、それらを除去してから両小学校の平均値を求めると、A小学校は78点、B小学校は58点となる。

第2は、大きさの順に並べた標本の両端(通常は5％)を除去して平均値を求める方法。

＊A小学校の場合は0点と90点、B小学校の場合は40点と100点を除去してから両小学校の平均値を求めると、A小学校は75点、B小学校は62.5点となる。

第3は、大きさの順に並べた標本の中央に位置する成績(中央値)をもって平均値に代える方法。

＊上の成績例の場合は標本数が6つだから、中央部分に位置する3番目と4番目の標本の平均値を求めて、A小学校は77.5点、B小学校は62.5点となる。

いずれの方法を採用するかは個々人の裁量に委ねられているが、重要なのは、異常値の除去によって、「A小学校の成績＞B小学校の成績」という関係が導出できたことである。つまり、単純な算術平均では「差なし」とされたものが、工夫して異常値を除去することによって、実相(＝「差あり」)を捉えられたのだ。

"再計算、再々計算"で主張の成立を確認

以上を念頭において、原標本の「両端5%を除去」して平均、標準偏差、変動係数を求めると、以下のようになる。

1) 世界平均 93.3 kg（標準偏差 26.6：変動係数 0.285）
2) 温帯平均 92.3 kg（標準偏差 18.6：変動係数 0.202） 【B】
3) 熱帯平均 94.1 kg（標準偏差 31.6：変動係数 0.336）

「世界平均」の変動係数は 0.285 であり、これを見るかぎり手放しで満足できるレベルではない（19 ページ参照）。だが、先の【A】(24 ページ) における同係数(0.698)に比べれば、標本分布の裾野が 2 分の 1 以下に縮小され、かつ、中央値(生データの 38 番目(92.4 kg)と 39 番目(94.0 kg)の平均値＝93.2 kg)が算術平均(93.3 kg)にほぼ等しくなっている。したがって、ヒストグラムの形状は正規分布に近くなり、異常値の影響をほぼ除去できたことがわかる。

問題は、この数値を用いて"再計算"したときも、なお、「有機質(窒素)肥料は『足りて、余りある』」という結論を導けるかどうかだ。

それを検証するために、表4(23ページ)の④の102.8を93.3に置き換えて、「世界」欄の⑤と⑦をそれぞれ"再計算"してみた。

1) 食用作物の栽培を減らさずに供給可能なマメ科植物由来の窒素量(⑤)は、
   93.3 kg/ha×13 億 6,210 万 ha＝1 億 2,710 万 t
2) 慣行農業で使用された化学肥料の量を超えるマメ科植物由来の窒素量(⑦)は、
   1 億 2,710 万 t－8,200 万 t＝4,510 万 t

この結果から、バッジリー助教らの主張が"再計算"後も成り立つことが確認できる。

通常は、これで、「メデタシ、メデタシ」となる。しかし、世界平均 93.3 kg の変動係数が 0.285 であり、「目安値 0.05」(19ページ)を大きく上回っている。これが、私にはどうも気になる。

そこで、念のため、マメ科植物の窒素供給量が平均から大きく乖離して「下限」境界にまで変動したとしても、なおバッジリー助教らの主張が成り立つかどうかを検証してみた。下限値は「平均値(93.3 kg)－標準偏差(26.6

kg)＝66.7 kg」である。これを用いて⑤と⑦をそれぞれ"再々計算"すると、以下の結果を得る。

1）食用作物の栽培を減らさずに供給可能なマメ科植物由来の窒素量（⑤）は、
　　66.7 kg/ha×13億6,210万 ha＝9,090万 t
2）慣行農業で使用された化学肥料の量を超えるマメ科植物由来の窒素量（⑦）は、
　　9,090万 t−8,200万 t＝890万 t

以上の詳察により、私は自信をもって、次のように言いたい。

バッジリー助教らは、有機質（窒素）肥料は『足りて、余りある』と主張した。だが、彼女らが使用したのは、信頼度に難のある数値（算術平均）だ。そのため、異常値の影響を受けた過剰推計になっている。それに気づいて、私は一時「彼女らの主張は論拠を失い、破綻している」と思った（24ページ）。

そこで、私は、原標本（生データ）を用いて、統計処理の基本に忠実に表4の「世界」欄を"再計算、再々計算"し、バッジリー助教らの主張が成り立つか否かを自分流に検証してみた。その結果、5,800万 t→4,510万 t→890万 t と減少するものの、「マメ科植物由来の窒素量が慣行農業で使用された化学肥料の量を上回る」ことを確認した。

したがって、私は、「有機質（窒素）肥料は『足りて、余りある』」という、バッジリー助教らの主張を全面的に支持する。

第2章

発見に対する研究者の
コメントを検証する

1　科学的要件を満たしていないという批判は正しいのか

　バッジリー助教らの論文が掲載された『RAFS』誌の巻末には、「新しい"挑発的"話題(new and provocative topics)」を対象にした「公開誌上討論の広場」のコーナーが設けられている。そこに、米国ネブラスカ大学のK・G・カスマン教授、B・キース教授、N・F・ホイエルマン教授らによる次のような共同コメントが掲載されていた。

　「バッジリー助教らの論文は、①有機農業と慣行農業との単収比較を行うに際して、最低限必要とされる『科学的要件』を満たしていない。結論を先取りして言えば、②彼女らの論文は『有機農業で世界が養えるか?』について、何も答えていない」

　A4サイズで2ページ弱の短文だが、非常に興味深い内容なので、要点を紹介しよう。

科学的検証に耐え得ないデータを論拠にしているという批判

　カスマン教授は論点を2つにしぼり、バッジリー助教らの論文を批判する。その内容は厳しく、彼女らの主張をことごとく退けている。教授らは、まず「単収比の考察だけでは、世界(全人類)を養えるかどうかについて何も語れない」と批判する。

　「人類はいま3つの大きな課題に直面している。1つは人口増加・都市化の進行に伴う優良農地の減少、2つは食糧(とくに穀物)需要の増加率を下回る食糧生産の増加率、3つはバイオ燃料需要と食糧需要との競合問題である。『有機農業は世界(全人類)を養えるか?』と問いかけるとき、現世代および

次世代の人類が直面するこれら3大課題への最小限度の考察もなく、有機農業と慣行農業との単収を単純比較するだけでは、設問に答えたことにはならない」(要約、以下同じ)。

さらに、カスマン教授らはバッジリー助教らの単収比計算の「非科学性」を指摘する。彼女らは293標本に基づいて単収比を計算し、「先進国：有機農業＜慣行農業、途上国：有機農業＞慣行農業、世界全体：有機農業＞慣行農業」という関係を"発見"したが、カスマン教授らはこれを発見とは認めないのだ。その理由を次のように述べる。

「収量の比較標本は再現性がなければならない。使用した試料や分析方法を公開し、必要な場合には、他の研究者がそれらを使用して追実験し、原論文が導く結論の真偽の検証が可能でなければならない。それが科学の進歩を支えてきた。また、異なる経営理念に基づく栽培システム(農法)の単収を比較する場合には、以下の要件を正しく踏まえて行わなければならない」

その要件とは何かを以下に整理して紹介しよう。

⑴比較する栽培システムをそれぞれ正確に定義する。

　　研究者は調査地域および作物に関する「最良の栽培技術(水・土壌・肥培管理)」を有機農業および慣行農業の双方について定義し、それらが適用されているかどうか、あるいは、同程度に平均的な栽培技術が使用されているかどうか、注意深く観察しなければならない(足立注：栽培技術水準に格差が生じていないかどうか注意して、有機農業と慣行農業の単収データをそれぞれ採取する)。

⑵農地利用率(作物作付け延べ面積÷農地面積)に留意する。

　　食糧安全保障の観点からすると、当該作物1期の単収ではなく、当該圃場で1年間に栽培される、すべての食用作物の収穫量の合計に注意を払うべきである。

⑶両栽培システムにおけるそれぞれの施肥量(作物が吸収した肥料成分量)を正確に定量化し、均等になるようコントロールする。

　　有機農業では作物に必要な栄養を供給したり、土壌肥沃度を維持するために堆肥や厩肥が用いられる。これらの有機物が窒素、リン酸、

カリなど作物が利用可能な肥料成分に分解されるスピードは、地温、土壌水分量、土壌微生物の量と活性状況に大きく左右される。したがって、「当期に投入された堆厩肥に含まれる肥料成分の全量を当期に栽培される作物が吸収・利用するわけではない」ことに留意する必要がある。

他方、当期の作物は前期に投入された堆厩肥の肥料成分の残滓を吸収・利用している。また、堆厩肥は窒素、リン酸、カリ以外の栄養素を多く含んでいるので、有機農業と慣行農業との単収を比較する場合、研究者は両栽培システムにおいて作物が吸収する肥料成分の種類と量をそれぞれ均等にすることに細心の注意を払う必要がある。

(4)適切な実験設計と再生・再現性(replication)の確保。

統計学的検証に耐えうる、適切な単収比較実験から得られたデータでなければ、他の研究者がそれらを使用して追計算(ないし追実験、再現実験)し、原論文が導く結論の真偽を検証できない。

そして、こう結論づける。

「バッジリー助教らが論拠にした標本(サンプル、データ)および分析手法は、これらの要件を1つとして満たしていない。したがって、『有機農業は世界(全人類)を養える』とする主張には『科学的』根拠を見出すことができない」

いやはや、本当に手厳しい。ここまで全否定されたら、バッジリー助教らも立つ瀬がなかろう。これに対する反論は「公開誌上討論の広場」に見当たらない。そこで、私が彼女らに代わって、カスマン教授らのコメントへの反論を試みたい。

技術評価の基本認識が誤っているコメント

言うまでもないが、コメントにもルールがある。好き勝手に、何を書いてもよいわけではない。原著者の掲げる「解明すべき課題」が当該論文により適切に解明されたか、解明方法は妥当かなどを検証し、所見を述べるのが、論評者の基本的役割である。

すでに何度も述べたように、「有機農業は、慣行農業より単収が低く、人

口扶養力も小さい。そんな有機農業の推進は、世界人口の20〜30％を餓死させることにつながる」との頑迷な有機農業批判に対し、バッジリー助教らは世界中から収集した293標本に基づいて「有機農業の食糧生産力は慣行農業に劣らない」ことを論証した。

すなわち「①世界全体でみた単収比は1.321→②有機農業の潜在的食糧生産力は慣行農業の1.321倍→よって③有機農業は世界(全人類)を養える」と、バッジリー助教らは書いたのである。明らかに③は、②の単なる言い換えだ。気取って書けば、「当世、世界の国ぐには慣行農業で国民を養う。いわんや有機農業をや」という、きわめて単純明快な論法である。

だが、不可解にも、カスマン教授らはこの明快なロジックを理解しない。そして、「単なる言い換え」でしかない上記の③を切り取って俎上に載せ、そして「人類が直面する3大課題」なるものを持ち出して、「バッジリー助教らはこれらへの最小限度の考察さえ行わない」と激しく批判するのだ。まったく、まとはずれな"言いがかり"と言うほかない。

論文公表後に、その論文の守備範囲外の論点を持ち出し、それへの言及・考察がないなどとコメントするのは、「後出しジャンケン」的でずるいやり方だ。

もっとひどいのは、二の太刀よろしく「科学的要件」なるものを持ち出し、バッジリー助教らの単収比計算を「非科学的」(再現性のない非科学的データに基づく計算)と決めつけ、こう一蹴していることだ。

「バッジリー助教らが収集した有機農業と慣行農業の単収比較データは、栽培システム(農法)間の単収比較を行う場合に必要とされる条件を満たさない。よって、信頼性を欠く。『有機農業は世界を養える』という大テーマに接近するためには、厳格な科学的検証に耐え、信頼に足るデータ類を提示・公開する必要がある」

カスマン教授らの論法でいくと、われわれ農業経済研究者が生産者への聞き取り調査によって集める単収データは「科学的要件」を満たさないので、すべて「信頼性に欠ける、非科学的データ」ということになる。はたして、そうだろうか？

具体例で考えてみよう。日本の有機農業運動の先導地域である「①山形県高畠町、千葉県三芳村(現・南房総市)、兵庫県市島町(現・丹波市)に足を運び、②無作為抽出により、③有機農業、慣行農業の生産者それぞれ20名を選び出し、④作物を特定したうえで、⑤過去5年分の単収」を聞き取り調査したと仮定する。

このようにして収集・蓄積したデータを基にして、異常値を除去するなど、必要な前処理を行なったうえで、有機農業と慣行農業との単収比を求めたとしても、カスマン教授らはやはり「信頼性に欠ける、非科学的データ」とみなすのだろうか。

もし、「イエス(みなす)」とすれば、カスマン教授らと私とは、技術評価に関する基本認識において真っ向から対立する。その理由は、以下のとおりだ。

(1) カスマン教授らは、水・肥料・土壌条件など、あらゆる要素を人為的管理下におき、自在にコントロールして均等にし、そのうえで、有機農業と慣行農業の単収を計測し、相互比較することが「再現性を確保した」「統計学的検証に耐える」「科学的」な方法と考えている。

(2) それに対して私は、技術は現実社会の生産現場(多様な地域、多様な生産者、多様な圃場)において評価されるべきだと考えている。カスマン教授らの方法は箱庭(試験区)における技術評価法であり、箱庭での計測結果が多様な生産現場においても同様に成立するかどうかは、何とも言えない。

(3) その典型事例は、収量の多さから「奇跡のイネ(miracle rice)」と呼ばれ、アジア各地に普及して「緑の革命(green revolution)」の旗手となった多収性品種 IR-8 である。フィリピン・ラグナ州ロスバニョス町(マニラの南東約70 km)にある国際稲研究所(IRRI)で1966年に育種され、灌漑水、窒素・リン酸・カリ肥料、農薬などを十分に施した試験区での「可能最大収量(potential)」は 1 ha あたり 9.6 t とされていた。だが、アジア各地での「実収量」(生産現場での収量)は最高でも可能最大収量の80% 以下にとどまった。

国際稲研究所(IRRI)の全景。中央および右上の建物は研究管理・実験・研修・宿泊などの施設。その周辺には区画された約250 haの試験圃場が整然と並ぶ

　周知のようにIR-8は、灌漑水・化学肥料・農薬(=3要素)が不足なく投入されてはじめて能力を発揮する品種である。したがって、政府の資金不足や貧困など社会経済的制約によって3要素の投入量が不足しがちな現実社会では、常に「可能最大収量＞実収量(現実の収量)」という関係が成立した。

(4)　このように、箱庭(試験区)のデータは、例外なく上方バイアスを有するため、それに基づく推計は"必ず"過剰になる。したがって、「有機農業は世界を養えるか？」という挑戦的テーマに接近する場合、使用すべきは現実的説得力に乏しい箱庭データではなく、各地の生産現場から採取した「実態の裏付けのあるデータ」でなければならない。言うまでもなく、世界の食糧生産は小さな箱庭で行われているわけではないからである。

　以上の視点からバッジリー助教らの標本をみると、すでに述べたように、「彼女らが収集した293標本には『7つの多様性』が内在して」おり、「この多様性ゆえに、各標本は期せずして無作為抽出された標本、つまり、特定

の年代・地域・期間・行為主体・品目・気候風土・出典への偏り(バイアス)のない標本に"近い状態"になっている」(21ページ)。さらに、それらは「実態の裏付けのあるデータ」であり、カスマン教授らが要求する箱庭データよりはるかに信頼できる。

高く評価できる生データの公表

この際だから、もう1点、バッジリー助教らに対するカスマン教授らの批判に反論しておこう。カスマン教授らは先に、次のように主張した。

「収量の比較標本は再現性がなければならない。使用した試料や分析方法を公開し、必要な場合には、他の研究者がそれらを使用して追実験し、原論文が導く結論の真偽の検証が可能でなければならない。それが科学の進歩を支えてきた」(31ページ)。そして、バッジリー助教らの論文には再現性がないと言うのだ。

だが、それは事実に反する。原論文を繰ればすぐに了解できるように、バッジリー助教らは自らが収集した原標本(加工前の生データ)のすべてを出典付きで論文末尾に添付・公表している。カスマン教授と私とでは「再現性」の含意が異なるが、生データの公開は学術論文ではきわめて珍しい。私は、こうした彼女らの誠実な研究姿勢を高く評価する。

それは、公表された293標本に後学の研究者がそれぞれの標本を積み増すことによって、「バッジリー助教らの"発見"は果たして『ゆるぎない(信頼に足る)』か?」という設問に関する継続的検証が可能になるからである。それゆえ、まさに「再現性」ありと評価すべきである。

「主義・主張・信念・偏見・思い込みなどにより、実態を歪曲してはならない。293標本の収集・分析によって、われわれは、有機農業の生産力や人口扶養力に対する『常識』の誤謬を知った。だが、われわれは、この結果に固執しない。標本数をさらに500、800、1000…と積み増すことにより、結果は反転するかもしれないからである。重要なことは『実態の科学的解明』である。われわれは、この観点に立ち、後学の利便を考慮して、加工前の標本値(生データ)をすべて公表した」

論文中にこのような記述はないが、バッジリー助教らが生データを公表する理由を私はこう想像した。大いなる称讃の拍手を送りたい。

2　深刻な誤謬に基づいているという批判は正しいのか

挑戦的なコメントに出合う

　「有機農業で世界が養えるというバッジリー助教らの主張は、複数の深刻な誤謬に基づく幻想(誤った結論)にすぎない」

　カスマン教授らに劣らず、厳しい口調でこう批判するのは、オーストラリア・メルボルン大学のD・J・コナー名誉教授である。

　バッジリー助教らの発見を「コペルニクス的転回」と捉えて日本の人びとに知らせたいと考えたとき、私は同時に、彼女らの発見に異議を唱える研究者の主張も広く収集して、適切に紹介・評価しようと考えた。というのは、本書が先入観や偏見に基づいて、特定の世界観や思想を検証(証拠 evidence に基づく科学的論証)抜きで主張・喧伝する"宗教書"に分類されることを、私は望まないからである。

　カスマン教授らの論評はすぐに見つけた。だが、彼らのコメントは「コメントとしての体」をなさず、満足できるものではない。コメントの不文律を尊重した論評を求めて文献検索し、このコナー名誉教授の論文にたどり着くまでにはかなりの時間を要した。

　この論文には「有機農業は世界を養えない」という挑戦的かつ興味深いタイトルが付されていた(Field Crops Research (作物研究)』誌、第106巻、第2号、187～190ページ、2008年5月。投稿は07年9月)。それは、バッジリー助教らの論文とは別の意味

で私にとって魅力的でもあった。

「A4サイズわずか4ページで31.5米ドルもする"高価な論文"にどんな論評が展開されているのだろう」

私はワクワクしながら、2008年10月、インターネットの有料ダウンロード・サイト（http://www.sciencedirect.com/）にアクセスした。

期せるかな、その高価な論文には、「第1に途上国における単収比の解釈に関する誤り、第2にマメ科植物の栽培可能な農地面積に関する見通しの誤り。この2つの誤謬により、バッジリー助教らが主張する有機農業の潜在的食糧生産力は過剰推計（overestimation）になっている」という辛辣な批判が示されていた。以下、それらの要点を紹介する。

途上国における単収比の解釈が誤っているという批判

「先進国における単収比と途上国における単収比は、同質ではありえない。にもかかわらず、バッジリー助教らは両者を区別しない」

表現が抽象的でわかりづらいが、意味するところは、次のとおりである。私の理解を図4にしたので、それを見ながらコナー名誉教授の主張に耳を傾けてみよう（ただし、読者の便を考慮し、「原義を損なわない範囲」の制約を設けて、私自身の言葉で解説する）。

(1) 単収比は、「有機農業の単収÷慣行農業の単収」で表される「無名数」（単位のない数値）である。だが、その含意は、先進国と途上国とでは大きく異なる。

(2) 表2（12ページ）の「植物性食料合計」を例に説明する。先進国の単収比は0.914、途上国のそれは1.736だが、その実相は図4のようになっていると思われる。

①先進国における慣行農業の単収は、途上国の単収より大きい（A1＞A2）。

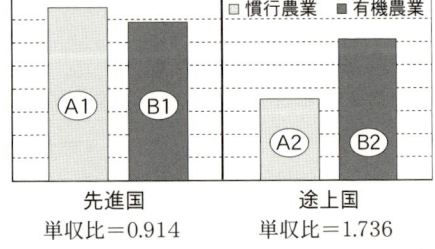

図4　単収比較の模式図（植物性食料合計）

②先進国における有機農業の単収も、途上国の単収より大きい（B 1 > B 2）。

(3) 途上国の農地は慢性的に肥料欠乏状態にあるため、途上国では主として、外部から投入される「肥料の多少」が農業生産力を左右する。途上国において慣行農業の単収が有機農業の単収より低い（A 2 < B 2）のは、化学肥料の投入量が少ないからである。化学肥料は堆厩肥や緑肥などの有機質肥料より価格が高いので、貧農が大多数を占める途上国では投入不足が常態化している。

(4) だが、先進国では農業生産力の決定要因は「農法」だ。途上国にあっても、農民が経済的に豊かになって化学肥料の投入量が安定的に増加し、農地の肥料不足が解消されれば、「途上国型単収比」（低位収量間の相対比：B 2 ÷ A 2 = 1.736）は時間の経過とともに「先進国型単収比」（高位収量間の相対比：B 1 ÷ A 1 = 0.914）に収斂すると思われる。

(5) 途上国型単収比は、いわば先進国型単収比に至る過渡的現象である。したがって、長期的視点に立って「有機農業は世界を養えるか？」と問う場合には、推計に用いるべき単収比は先進国型単収比でなければならない。

(6) バッジリー助教らは「有機農業の潜在的食糧生産力（1日1人あたりカロリー供給量）」の推計にあたり、①先進国型単収比を世界全体に適用した「モデルⅠ」と②先進国型単収比と途上国型単収比を加重平均して適用した「モデルⅡ」を用いている。だが、彼女らが「より現実に近い推計モデル」と標榜する「モデルⅡ」は、以上の考察から明らかなように、過剰推計になっていると言わねばならない。いうまでもなく、妥当な推計モデルは「モデルⅠ」である（足立注：「モデルⅠ」「モデルⅡ」については、第5章で詳しく説明する）。

マメ科植物の栽培可能な農地面積は限られているという批判

コナー名誉教授は次に、「世界規模で慣行農業から有機農業に農法転換するには膨大な量の有機質（窒素）肥料が必要だ。いかにしてそれらを確保する

のか?」と問いかける。そして、食糧生産と緑肥生産とはトレード・オフ（二律背反）関係にあると、バッジリー助教らの主張を一蹴する。

「第1に生産力の高い農業地域では現在、すでに多毛作（multiple cropping）が行われており、当該栽培体系にマメ科植物を新しく取り入れる余地はない。また、たとえばバングラデシュのような貧困地域では、現在すでに年間平均2.5作されている。第2に現在、年1作（あるいはそれ以下）の地域では気温や農業用水供給などが制約条件となり、2作目の栽培を困難にしている。このような地域では、マメ科植物はせいぜい2年に1回程度しか導入できない。だが、視点を変えれば、それは食用作物の生産の阻害につながる」

要するに、有機質（窒素）肥料の供給源としてのマメ科植物（被覆作物）を既存の食糧栽培体系に新しく取り入れる余地は限られており、バッジリー助教らが計算に使用した13億6,210万haは実態を無視した荒唐無稽な数値だと、厳しく批判するのだ。

「すでに食糧生産に使用されている世界の農地の何%で、マメ科植物の追加的栽培が可能か？ 残念ながら、2007年9月現在そのような推計データは存在しない。しかし、その面積はバッジリー助教らが使用した100%〔足立注：23ページの表4の③13億6,210万ha〕より"はるかに少ない"（much less than 100%）ことは間違いない」

カスマン教授らと同様、コナー名誉教授のコメントもきわめて辛辣だ。たしかに、コメントを書くに際して守るべきルール（不文律）は遵守している。しかし、ルールを守ることと、コメントの内容が妥当かどうかは、別問題である。ここでも、バッジリー助教らに代わり、コナー名誉教授への反論を試みたい。

途上国の化学肥料投入量は増えない

「経済発展に伴って**途上国の農民が豊かになり、化学肥料の投入量不足が解消されれば**『A2＜B2』（単収比1以上）の関係は逆転して、『A1＞B1』（単収比1以下）に近づくにちがいない」

コナー名誉教授はこのように考えているようだが、私はそう思わない。理由は2つある。

1つは、「富める国・人はますます豊かになり、貧しい国・人はいつまで経っても貧しい」という現実世界の政治経済状況下にあって、途上国の農民が豊かになり、化学肥料の投入量不足が解消される日が来るとは、私には到底、想像できないからだ。"その日"の到来は5年後、10年後、それとも100年後だろうか？

この点に関するかぎり、私は悲観論者だ。大学の授業で経済開発論を学んでから40年以上経つ。この間、「後進国」という呼び方が、「低開発国」を経て、現在の「途上国」に変わっただけで、途上国農民の窮状は当時と少しも変わらない。

2つは、地球温暖化への関心が世界的に高まるなか、化石燃料由来の化学肥料や農薬への依存を減らし、環境にやさしい有機農業の技術開発が各国の公的研究機関において早晩、本格的に推進されるようになる。否、本気で推進せざるを得なくなる。楽観的すぎるかもしれないが、"その日"の到来はそう遠くないと、私は期待している。そのとき、有機農業の単収は先進国（B1）、途上国（B2）を問わず大きく伸長し、単収比が増加するにちがいない。

マメ科植物の栽培可能な農地面積の算出は妥当

「食用作物の生産を阻害せずに、マメ科植物（被覆作物）を既存の食糧栽培体系に新しく取り入れる余地は限られる。正確な推計はないが、マメ科植物の栽培面積はバッジリー助教らが仮定する13億6,210万haよりはるかに少ないことは間違いない」

コナー名誉教授はこう考えているが、私はそう思わない。

マメ科植物の導入方法について、コナー名誉教授は「食用作物の栽培前後にマメ科植物を新しく導入する」と理解したようだが、それは"誤読"だ。22〜23ページに紹介したように、バッジリー助教らは①冬期（温帯地域）休閑中の被覆作物、②食用作物の生育中にその畝・条・株間に植える間作

作物、③食用作物の収穫後、次の食用作物を栽培するまでの間の被覆作物としてマメ科植物を栽培する、要するに、現状の食用作物の生産を阻害しない方法でのマメ科植物の利用を念頭に置いている。

　バングラデシュでも窒素を供給し、地表面からの水分の蒸発を防ぐために、食用作物の根元に丈の低いマメ科牧草を被覆作物として同期栽培することは可能だ。したがって、マメ科植物の栽培可能な農地面積は、コナー名誉教授の言うように、13億6,210万haよりはるかに「少なく」はならない。

　また、コナー名誉教授はマメ科植物についてしか論じていないが、バッジリー助教らは「有機質(窒素)肥料の供給源には、①農場の収穫残渣、②堆肥、③厩肥、④マメ科植物などがある。本稿では、マメ科植物由来の窒素のみを推計し、その他の窒素は計算に入れない」(23ページ)と述べたことを忘れてはならない。彼女らは、世界規模で慣行農業から有機農業への農法転換が起きてもマメ科植物由来の窒素だけで「足りて、余りある」だけの窒素を供給できるし、さらに考慮から除外した①〜③を加えれば、「窒素肥料は十分ある、心配は要らない」と主張しているのだ。コナー名誉教授はここでも"誤読"を犯している。

第3章

単収が多いフィリピンのバイオダイナミック農法

ハイブリッド米を上回る平均収量

バッジリー助教らが表2に整理した途上国の単収比の生データには、フィリピンの標本も含まれていた。表5はそれらを取り出して整理したものである。標本数がわずか7つと少なく、数値の「散らばり（分散）」も大きいので、これだけでは断定的なことは言えない。とはいえ、水稲①と水稲②を除く残り5標本の単収比は1を超えており、フィリピンにおいてもバッジリー助教らの"発見"は当てはまっているように思われる。

表5　フィリピンの標本

作　　目		単収比	単純平均
米	水稲①	0.73	
	②	0.45	
	③	2.00	1.06
	陸　稲	1.13	—
トウモロコシ①		1.20	
②		3.27	2.24
キャベツ		1.21	—
単純平均		1.43	

(注) バッジリー助教らの共同論文「付録」より抜粋。

しかし、この程度の紹介でお茶を濁すのも面白くない。そこで、ダバオ市に居住する地の利を活かして近隣地域のデータを検索した。その結果、見つけたのが、ミンダナオ島北コタバト州マキララ町に事務所を置く「持続的発展のためのドン・ボスコ基金（DBFSDI）」（以下「ドン・ボスコ基金」と略称）が指導する、バイオダイナミック農法による有機米づくりである（ドン・ボスコは19世紀に北イタリアで活躍したカトリック司祭で、サレジオ会の創始者。同会はイタリア・ローマに本部をおき、世界中で青少年教育活動を行う。「ドン・ボスコ基金」はフィリピンに特有の組織で、青少年への教育活動だけでなく、地域おこしにも積極的に取り組んでいる）。

図5　ミンダナオ島とその周辺

マキララ町はダバオ市の西方約150 km、車で4

時間ほどの距離にあり、ダバオ市とはフィリピン最高峰のアポ山(海抜約3000メートル)をはさんで真反対に位置する。ダバオ市は昼間人口約200万人、夜間人口約130万人。行政面積は約2400km²(神奈川県に匹敵)で世界最大。また、フィリピンで第1位、東南アジアでもシンガポールに次いで第2位の治安のよさを誇っている。一方、アポ山を二分して南北に長く州境を接する北コタバト州は、モロ・イスラム解放戦線(MILF)や新人民軍(NPA)など反政府勢力と政府軍との戦闘が頻発する危険地域のひとつでもある。

検索して見つけた「有機米は米危機の長期的解決策」と題する新聞記事(「philippine Daily Inquirer」紙、2008年4月5日)には、「『バイオダイナミック農法による有機米の単収はハイブリッド米(高収量品種)より多い』と、ドン・ボスコ基金のマリア・ヘレニタ・ルイゾ・ガメラ代表は語る」と記されていた。

「『バイオダイナミック農法による有機米の灌漑水田地域でのhaあたり収量(モミ重量)は最高で125袋。1袋約65kgだから8t以上の収量になる』と代表は語る。ちなみに、政府農業調査局の2002年報告によれば、ハイブリッド米のhaあたり平均収量は6〜6.5tとなっている」(足立注：単収比に直せば1.25〜1.35となる)。

私は早速、ガメラ代表にアポイントメントを取り、バッジリー助教らの共同論文の購入から3日後の2008年5月5日にインタビューを行なった。以下は、ガメラ代表との1問1答である。

「ドン・ボスコ基金」のガメラ代表

バイオダイナミック農法はなぜ急増しているのか

足立　4月5日付のInquirer紙が報じた「有機米の単収8t」は実測値ですか？

代表　精米業者への販売量で、実測値です。生産者により(haあたり)7tとか6tとかバラつきがあります。バイオダイナミック農法の経験年

　　　　数により差が出ます。ベテランの生産者たちの有機米の単収は、ハイブリッド米の単収より多い。新聞に紹介したのは、ここからコタバト市方向(東北東)に向かって車で2時間ほどの距離にあるミドサヤップ町の米作農民、ジェシー・ヒメナさんのケースです。今年(2008年)前半期は天候不良により全国的に米が不作でしたが、彼は逆に、豊作の喜びを享受しています。直接、話を聞きたければ、いつでも案内します。

　　　　バイオダイナミック農法へ転換1年目のミドサヤップ町の他の農民の事例では、今年の有機米の収量は6.6tでしたが、農薬・化学肥料を使ってハイブリッド米を栽培していた前年までの収量は平均6tでした。彼は7haの灌漑水田を所有する自作農です。

足立　バイオダイナミック農法でそれだけの単収を実現しているのには驚きました。しかし、もっと驚いたのは、「ドン・ボスコ基金」のホームページに掲載されている資料に、次のような記述を見つけたことです。

　　　　「1977年にガメラ代表の家族が寄付した2.4haの農地で、88年から有機農業による食糧生産試験が始まった。93年には、マキララ町に隣接するキダパワン市のデメトリア・フェラー夫人から寄付された5.6haの農地でも試験が始まった。(中略)94年10月にバイオダイナミック農法の熱心な信奉者、ニッキー・パーラス氏が同農法を紹介・指導。その結果、96年末には168農家、2000年末には1300農家、そして03年末には3300農家以上に普及した」

　　　　私は、単収の多さよりもバイオダイナミック農法の普及の早さに驚きました。日本にもこの農法の実践者がいますが、非常に数が少ない。バイオダイナミック農法は有機農業以上に実践がむずかしいと私は考えていますが、赤道に限りなく近く、病害虫も多い熱帯のミンダナオ島で、どうして急増しているのですか？

代表　足立さんは有機米の生産量に関心をもって「ドン・ボスコ基金」事務所にお越しになりましたが、私たちが農民にバイオダイナミッ

ク農法を奨励するのは収穫量が増加するからではありません。たしかに、この農法を行うベテラン農家の有機米の単収は、慣行農業のハイブリッド米の単収より多い。しかし、初心者の単収は逆に低い場合が少なくない。単収増は結果であり、目的ではありません。

　私たちの関心は農民の所得を増やすことにあります。足立さんは農業経済学者だから釈迦に説法(one cannot teach a fish to swim)ですが、所得を増やす早道は生産コストの削減です。たとえ収穫量が2倍になるようなハイブリッド米が育種されたとしても、化学肥料代、農薬代、種子代が2倍以上かかるようでは意味がありません。それは農民のためになりません。

　私たちが第一義的にめざすのは、農民を経済的に豊かにすることです。農民が豊かになれば、地域が豊かになる。地域が豊かになれば、新人民軍やモロ・イスラム解放戦線などのテロ行為や戦闘もなくなります。台風のないミンダナオ島はフィリピンの穀物倉庫であり、フルーツ・バスケットです。巨大不在地主やアグリビジネスによる搾取がなければ、ミンダナオ島の農民は豊かであり得ました。私たちが有機質肥料の自給をベースにしたバイオダイナミック農法を普及するのは、そうした搾取から農民を解放するためです。

足立　バイオダイナミック農法奨励の目的は農民の所得を増やすことにあり、収量増加は副次的産物にすぎないとおっしゃるガメラさんの気持ちは、私にもよくわかります。私は定年退職するまで約30年間、もっぱら有機農業の社会経済学的研究をしていました。その間、有機農業を普及する運動にもかかわりましたが、有機農産物を高付加価値商品とかプレミアム商品と位置づける農水省・マスメディア・流通産業などの有機農業認識を不愉快に感じました。高付加価値は、生産者と消費者とが提携する日本型有機農業運動の目的ではなく、副産物であったからです。

　本日は日本型有機農業運動の理念について話す時間がありませんが、「収量増加はバイオダイナミック農法奨励の目的ではない」とおっ

しゃるガメラさんの主張を理解したうえで、改めて確認したい。ベテランのバイオダイナミック農法生産者の有機米の単収は、慣行農業のハイブリッド米より多いと考えてよいでしょうか？

代表　はい。天候不良の年には、有機米とハイブリッド米の差がはっきり出ます。

足立　バイオダイナミック農法実践者の急増の理由について、説明をお願いします。

代表　数値目標を立てて取り組みました。ドン・ボスコが創設したサルジオ会の活動本部はイタリアにあり、「ドン・ボスコ基金」の活動資金は本部はじめドイツ、オーストリア、スイスなど西ヨーロッパ各地のキリスト教関連の NGO の寄付で賄われています。資金の利用効率を上げるため、第 1 期 (1995～96 年)、第 2 期 (97～2000 年) というように「持続的農業総合普及計画」を作成し、農民への教育・普及を積極的に行いました。

　私たちはマキララ町に「バイオダイナミック総合研究農場」を所有し、宿泊施設も併設しています。ここに各地の農民を招いて短期の合宿研修を行い、バイオダイナミック農法を実際に体験してもらいました。2000 年以降は対象を自治体にまで広げました。たとえば、南ダバオ州マグサイサイ町や南コタバト州スララ町では、町長自らが陣頭指揮を取って「バイオダイナミック農法による町おこし」を行なっています。実践者が急増した背景には、このような普及計画や町ぐるみでの取り組み事例の出現が指摘できます。

自治体へのアプローチ

足立　有機農業を普及する運動に長くかかわってきたましが、「行政は頭が固い」というのが私の印象です。率直に申し上げますが、地球と太陽、月、惑星の位置関係が土壌や動植物の生育に影響すると考えて、種を播く時期、耕す時期、施肥する時期などを、星座の運行表に基づいて決めるバイオダイナミック農法には、私は馴染めません。

だからといって、否定したり批判したりはしませんが、友人・知人には勧めません。私自身、納得できていないからです。マグサイサイ町やスララ町の町長は、バイオダイナミックの思想に納得したのですか？

代表 思想そのものに納得したかどうかは、わかりません。しかし、両町長はバイオダイナミック農法による有機米や有機野菜などを生産するメリットや成果を理解しました。だから、彼らは町をあげて取り組み、そして成功しています。

　私たちの自治体へのアプローチ手順は次のとおりです。①私たちの主張に耳を貸してくれそうな人物かどうか、町長や町の有力者のセンスを観察する。②農業概況を調べる。③サンプリングして、農家1戸あたりの化学肥料・農薬購入額、生産物販売額を調べる。④これら基礎データに基づいて、町全体の化学肥料・農薬購入金額(A)、生産物販売金額(B)を推計する。⑤そして、こう説明します。

　「慣行農業からバイオダイナミック農法に切り替えれば、化学肥料・農薬購入金額(A)を国際アグリビジネスによって町外・国外へ持ち去られずにすむ。バイオダイナミック農法は農薬・化学肥料を使わないので、その分、農民は豊かになる。彼らは、その一部を町内で消費するから、町内の他産業従事者の所得が増える。また、バイオダイナミック農法の生産物には慣行農業の生産物に比して若干の価格プレミアムが付くから、その分さらに農民の所得が増える」

　自治体のリーダーたちが評価するのは、理念ではなく実績です。実績を認めたから、彼らはバイオダイナミック農法を推進しています。ですから、バイオダイナミック思想をどの程度、理解・納得しているかは、個々のリーダーに聞いてみないとわかりません。

　南ダバオ州の米倉と位置づけられているマグサイサイ町では、2002年から Low External Inputs System of Agriculture（化学肥料や農薬など農業外部から購入する生産資材の使用を減らす農業）の一環として、Diversified Organic Farming System（多様な有機農業システム）の普及に取

マグライス(マグサイサイ町産有機栽培米)の特長を説明する販促用ビラ

り組んできました。町ぐるみで開発したMag Rice(マグサイサイ米)ブランドの有機米は07年に南ダバオ州「第2回ベストOne Town One Product(一村一品)生産物(食糧部門)」に選ばれ、慣行栽培米の1.5倍の価格で販売されています。売れ行き好調で、品薄状態にあるということです。同町の3,400 haの灌漑水田のうち、何％でMagRiceが栽培されているかは不明ですが、バイオダイナミック農法は韓国救世自然農法(Korean Kyusei Nature Farming)、生態的病害管理(Ecological Pest Management)などとともに、MagRiceブランドを標榜するための農法として位置づけられています。

他方、南コタバト州のスララ町では「脱農薬(脱環境汚染)社会の建設」という町是を掲げ、R・O・ソリヴィオ氏が町長に就任した2004年から、有機農業とバイオダイナミック農法による「パライソ(PARAISO)計画」を実施しています。PARAISOとはフィリピン語(タガログ語)で「パラダイス：楽園、天国」を意味します。実施後4年経ち、有機米の

スララ町の「パライソ計画」の内容を紹介する写真パネル。左側の人物はソリヴィオ町長

収量はすでにハイブリッド米の 1.3 倍から最大で 1.7 倍になりました。

　（足立注：後日検索したスララ町のホームページに、PARAISO の解説が掲載されていた。それによれば、PARAISO とは「Palangumhan Aton Respetuhon Atipanon Ibalik sa Sinadto kag Organiko：農業を尊敬し、大切にし、旧時のように修復・再生し、組織しよう」と南コタバト地域の先住民族の言葉で表記された標語の頭文字だという。また、2008 年 10 月 25 日の「Sun. Star Davao」紙にスララ町の米生産に関する数字が紹介されていた。そこでは、「『慣行農業の場合は生産費 2 万 5,000 ペソ、粗所得 5 万 6,000 ペソ、純所得 3 万 1,000 ペソ。有機農業の場合は生産費 8,000 ペソ、粗所得 6 万 6,000 ペソ、純所得 5 万 8,000 ペソ（ha あたり）』と町長はパライソの成果に胸を張る」と記されている。1 ペソは約 2.2 円）

直売店の位置づけ

足立　「ドン・ボスコ基金」が経営する直売店がダバオ市内にあることを知り、きのう訪問しました。床面積 40㎡ほどの小さな店でしたが、入口左側の壁際に 50kg 詰め袋に入った有機米（白米、玄米）が 30 袋ほど積み上げられ、右側の窓と壁に面した棚にはワイン、各種ジュース、蜂蜜、牛乳、コーヒー、水や湯に溶かして飲用できるよう粉末加工された生姜・ウコン・アボカド、食用ココナツ油、食酢、バナナチップス、米菓子、石けん、香料、民間療法で用いる薬草・薬木からの抽出液など、たくさんの有機商品が販売されていました。店員によれば 1 日平均 6,000 ペソ程度の売り上げがあるとのこと。「ドン・ボスコ基金」では、直売店をバイオダイナミック農法展開のなかで、どう位

ダバオ市内の BiosDynamis 生産物の直売店

置づけていますか？

代表　よい質問です。私たちは生産農民の所得を向上させる目的から、当初は有機農業を、その後はバイオダイナミック農法を農民に指導してきました。しかし、生産段階でとどまっていては、それ以上の所得向上は望めません。当地では、精米業者や産地商人が米流通の主導権を握っています。農民は、産地商人などから前借りした農薬や化学肥料などの生産資材や生活費を出来秋にモミで返済していますが、需要と供給の関係で、米が大量に出回る収穫期の米価は1年中でもっとも安い。

　そういう社会構造が明確に見えてきたため、数年前から「播種から販売まで(from seeds to shelves)戦略」をとることにしました。ダバオ市の直売店は北コタバト州キダパワン市に次ぐ2号店。キダパワン店の売り上げは1日平均1万ペソほどです。現在は、その他に2店舗あります。ミドサヤップ町とムラン町で、どちらも北コタバト州内の町です。私たちの有機食品は、すべて「BiosDynamis」というブランド名で販売しています。有機米の顧客は社会保険庁など政府機関の地方事務所、銀行、NGO組織などが中心で、固定需要は毎月1,000袋前後です。現在の生産能力は年間8,000～1万2,000袋で、供給不足の状態が続いています。マニラやセブからの引き合いもありますが、ミンダナオ島内の需要の充足を優先する方針です。

さまざまな農法の単収比

　以上がインタビューの概要だ。単収比については、以下の観察値が得られたことを確認しておきたい。

(1)　ベテランのバイオダイナミック農法生産者の場合：最大で1.25～1.35
(2)　転換後1年のミドサヤップ町の農民の場合：前年までのハイブリッド米収量との比較で1.1
(3)　転換後4年のスララ町の農民の場合：1.3～1.7(最大)

　フィリピンのケースに関するデータ紹介は、ひとまず以上で終える予定

だったが、本書脱稿直前にフィリピン大学ロスバニョス校のテオドロ・C・メンドーザ教授が書いた「フィリピンにおける有機米・LEISA 米・慣行農法米の収量、収益性、エネルギー使用比較」（『地域発展のための畜産研究』第 14 巻、第 6 号、2002 年 12 月、持続的農業生産システム研究センター（CIPAV）発行）という論文を見つけた。そこに、事例調査に基づく以下の数値があったので、参考までに紹介する（単収は 1 ha あたり〔モミ〕。有機農業調査は 1998～2000 年に雨期 2 回、乾期 2 回、計 4 回、慣行農業調査は 1999～2000 年に雨期 1 回、乾期 1 回、計 2 回、それぞれ行なったという）。

(1) ルソン島ケソン州インファンタ町での調査①（雨期・乾期平均）
　　有機農業の単収：4.37 t、慣行農業の単収：2.98 t、単収比：1.47
(2) ミンドロ島東ミンドロ州バコ町での調査
　　有機農業の単収：3.25 t、慣行農業の単収：3.52 t、単収比：0.92
(3) インファンタ町・バコ町平均
　　有機農業の単収：3.81 t、慣行農業の単収：3.25 t、単収比：1.17
　　（足立注：バコ町では「有機農業 6 農家、慣行農業 10 農家」との記述が
　　あるが、インファンタ町での調査農家数については記述がない）
(4) インファンタ町での調査②（雨期・乾期区別）
　　雨期　有機農業の単収：3.918 t、慣行農業の単収：2.445 t、単収比：1.60
　　乾期　有機農業の単収：4.822 t、慣行農業の単収：3.507 t、単収比：1.37

興味深いのは、「**有機農業の実践者には自作農の割合が多く、慣行農業を行う小作農より増産志向が高い**」というメンドーザ教授の指摘である。これは、換言すれば「主体への考察抜きに行われる単純な農法別収量比較には問題がある」「収量比較を適正に行うには、政治・経済・社会学的考察が不可欠」ということであろう。重要な視点だが、本書では立ち入らない。

もし、メンドーザ教授の分析の焦点が①自作・小作農、②有機・慣行農業、③単収比の 3 点に当てられていたら、上に紹介した収量比較は有機農法対慣行農法にとどまらず、農地所有状況との関係（自作対小作）にも深く踏み込んでいたと思われる。しかし、同教授の指摘は上掲の 1 行（太字部分）にとどめられている。

【追補】

　2008年10月15日～16日、ダバオ市で「第5回全国有機農業会議」が開催された。参加者は、フィリピン各地から有機農業など環境にやさしい農業を実践する個人・団体、地方自治体、農務省、環境天然資源省、国内型および国際型NGO、大学・試験研究機関の職員や研究者など約600名である。開会式では、A・ヤップ農務長官の挨拶が代読された。

　「私は有機農業の信奉者です。飢餓と貧困を撲滅するために有機農業を普及し、フィリピン産米の10％を有機米にしたい」

　また、マレーシアからのゲスト・スピーカーであるリム・L・チン氏が自らも執筆に加わって2008年4月に発表した「開発のための農業の知識・科学・技術に関する国際的検証（IAASTD）」報告書の概要を紹介。会場から称讃の拍手を受けた。

　IAASTDは「IPCC（気候変動に関する政府間パネル）の農業版」と評される組織。2002年に国連機関（FAO〔国連食糧農業機関〕、UNDP〔国連開発計画〕、UNEP〔国連環境計画〕など6機関）と世界銀行が共同で発足させた。400名を超える専門家の協力を得て、05年から3年以上の歳月を費やして集約されたこの報告書の結論をひと言で要約すれば、世界の農業が今後歩むべき道は「工業的農業との決別」「自然生態系と共存できる有機農業等への大転換」である。21世紀は「有機農業の世紀」になりそうだ。

このパネルの人物がA・ヤップ農務長官

第 3 章　単収が多いフィリピンのバイオダイナミック農法

第 5 回全国有機農業会議の会場内に仮設された、バイオダイナミック農業の展示ブース。「ドン・ボスコ基金」がミンダナオ島全域から収集した水稲および陸稲の在来種約 60 品種をはじめ、BiosDynamis ブランドの加工食品類が展示されている

第 5 回全国有機農業会議の会場付近に仮設された有機農産物、有機加工食品、有機栽培用の苗、有機質肥料などを販売するテント

第4章

日本の有機農業の生産力

1 私が有機農業にこだわる理由（わけ）

　　　　　　　　　　　私が有機農業の社会経済学的研究を始めたのは、1974年の秋である。その数年前から私は「市場開放(＝輸入自由化)しても生き残れる日本農業のあり方」について研究を開始し、誕生間もない日本の有機農業運動(71年10月に結成された日本有機農業研究会が唱導する、有機農産物の産直・共同購入〔＝産消提携〕運動)に興味をもった(2003年9月に上梓した拙著『食農同源—腐蝕する食と農への処方箋—』(コモンズ)の「あとがき」参照)。

　当時は、日米両国間に生じる大きな貿易不均衡(日本の輸出超過、米国の巨大な貿易赤字)が深刻な政治問題となっていた。その主因は、いまや周知の事柄だが、1970年代に生じた2度(73年、79年)のオイル・ショックのあおりを受けて米国自動車産業が危機的状況に陥ったことにある。だが、歴代の米国政権は本音を隠し、巧みに論点をすり替えて、その原因を「日本市場の閉鎖性」に求め、日本政府に対して農産物の市場開放を要求する戦略を取り続けた。いわゆる、ジャパン・バッシング(日本叩き)を繰り返したのである。そして、自動車については、日本車の対米輸出"自主規制"なる政治決着を誘導した。実に巧妙で、ずるいやり方だ。

　その典型事例が、1971年に始まり、20年後の91年に日本側が輸入自由化を呑むことで決着をみる、牛肉とオレンジの日米農産物交渉(初期の呼称は日米通商交渉)である。その交渉が始まったとき、私は大学院生だった。①交渉前の虚勢と交渉後の弁解を繰り返す政府・自民党(農相、高官、国会議員)の姿や、②農産物輸入自由化の問題点を指摘して自由化阻止を声高に訴える大学教授・研究者の姿を、それぞれテレビで見たり、論文や授業で読

んだり学んだりするうちに、「最大の被害者は、できもしないことをあたかもできるかのように言う、これら当局・インテリたちの空手形を信じて、結局は裏切られる生産者だ。こんな"茶番"を繰り返すのは罪悪だ」と憤ったことを、いまも鮮明に記憶している。

そのときに模索したのが、「国内外(内：経済界、外：米国など)からの農産物市場開放(＝輸入自由化)要求をすべて受け入れたとしても生き残ることが可能な日本農業のあり方」だ。そして、行き着いたのが、①慣行農業から有機農業への農法転換と、②有機農産物を媒介にして農村(生産者)と都市(消費者)が連帯する日本型有機農業(＝産消提携)運動のネットワークを全国津々浦々に張りめぐらすというアイデアである(前掲『食農同源』第5章「日本の『食』と『農』を守る道」参照)。

そこには、「貿易自由化は"世界の大潮流"であり、止められない。少なくとも日本政府に止める能力はない。もちろん、われわれ一介の研究者が"百万言"費やしても、この流れに抗することなどできやしない」「とするなら、早々に自らの非力を認め、この"大潮流を与件とする生き残り策"を研究するのが上策だ。それこそが、奨学金を得て国立大学で農業経済学を学び、研究公務員として農林省・農業総合研究所（現農林水産省・農林水産政策研究所）に奉職する者の社会的責任だ」という判断と、私なりの決意があった。それをもう少し詳しく述べておこう。

(1) 日本の農家1戸あたり耕地面積は米国(カリフォルニア州)の農家の200分の1以下(オーストラリアの2500分の1以下)、逆に日本の農地価格は米国の50〜100倍以上、労働コストは中国の30倍以上(中国の労賃は日本の20〜40分の1以下)だ。これで、どうして、これらの国ぐにと価格(量的)競争できるのか？　勝負はすでについている。

(2) 量から質への発想の転換が必要だ。有吉佐和子氏の小説『複合汚染』が1975年にベスト・セラーになったことからも明らかなように、日本の消費者の関心は食の安全・安心、健康・脱環境汚染などにある。そうした消費者ニーズに適う食べ物は、有機農産物以外にあり得ない。有機農業の社会経済学的研究を行わんとする私の役割は、生産者が消

費者に有機農産物を「適正な価格」で提供できるようサポートする適切な農業政策の導入を、国や自治体の農政当局に提言することだ。

(3) 有機農業への転換は口で言うほど容易ではない。だが、「この道」以外に日本農業が「生き残る道」はない。辛かろうが、苦しかろうが、険しかろうが、とにかく、生き残るためには「この道」を選び、進むしかない。

(4) ホンダを見よ。本田技研工業は、1972年に低公害のCVCCエンジンを開発して米国マスキー法(自動車の排気ガスを厳しく規制する70年大気浄化法改正法)適合第1号となり、世界を驚嘆させた。「やってみもせんで、何がわかる」が創業者・本田宗一郎氏の口癖だったと聞く。これに対して、ビッグ3(ゼネラル・モーターズ(GM)、フォード、クライスラー)の経営者や技術者たちは「不可能」を口にして、早々に自力開発を放棄。その結果、米国自動車産業は坂道をころがり落ちるように衰退の一途をたどっていく。

30年以上前のことだから、記憶違いがあるかもしれないが、概ね以上が、私が今日もなお頑固な有機農業研究者であり続けることになる契機と当時の社会状況である。

しかし、当時は「有機」の二文字を口にするだけで、周囲の顰蹙(ひんしゅく)を買った。「農作物はすべて有機物(生命体)だ。有機物を生産する農業に『有機』の呼称を冠するのは、馬から落ちて落馬したとか、女の婦人と言うのと同様の同義語反復(トートロジー)だ」「無農薬・無化学肥料で農業が成り立つ道理がない」「君は科学を否定するのか。そんな院生は研究者を志す資格がない」などと批判され、孤立無援の情況に陥ったことを思い出す。

だが、父親ゆずりの天の邪鬼というのか、叩かれれば叩かれるほど闘志がわく困った性格の私は、周囲の予想に反し、半年弱の京都大学農学部助手を経て、農林省に奉職後も、同省の政策方針に楯突く、日本型有機農業運動の社会経済学的研究にのめり込むことになる。以下に紹介するのは、その研究の過程で収集した、「有機農業の生産力に関する備忘録」の一端である。

2　有機農業は決して「ぜいたくな農業」ではない

　私の関心は日本有機農業研究会が唱導する日本型有機農業運動の社会経済学的研究、すなわち、「疎遠になった消費者(都市)と生産者(農村)とが直に手を結んで『顔と暮らしの見える関係』を構築し、食の近代化・農の近代化の名の下に蹂躙された食および農の主権を奪還して、『あるべき姿の食』、『あるべき姿の農』……『あるべき姿の社会(共生社会)』を再建する運動」路線、すなわち「都市住民と農山村住民との心情的紐帯を基盤にして成り立つ人的・物的空間を、当該個人・集団の力量に応じて地域社会全体、国全体に拡大していこうとする草の根の社会変革運動」(前掲書、195ページ・198ページ)の現代的意義を社会経済学的に研究することにあった。

　なお、有機農業運動には大別して日本型と欧米型がある。後者は1970年代初期から「生産者自主基準→検査→認証→認証マークの添付による商品差別化」路線を歩み、産消提携路線を歩む日本のそれとは性格を異にする。否、正確には「異にしていた」と過去形で書くべきであろう。2001年4月より日本で「有機食品の検査認証制度」が本格運用されてから、日本型(日本有機農業研究会を除く)は欧米型に急接近。逆に、米国では80年代末から「日本型有機農業〔産消提携〕運動に学ぼう」という新しい運動、すなわち「CSA(地域で支える農業)運動」が急展開するという逆転現象が生じている(詳しくは、前掲書、198～202ページ参照)。

　いまもそうだが、当時、私には「日本型有機農業運動のネットワークを全国津々浦々に張りめぐらすことができれば、たとえ国内外からの農産物市場開放要求をすべて受け入れたとしても、日本農業は生き残ることができる」との直感的な確信があり、その論証に専心していた。したがって、「ある新聞記事」を目にするまで、私は、有機農業の生産力の多寡そのものについて、特段の関心がなかった。否、正確に言えば、論敵を完膚なきまでに論破したいと真顔になり、本腰入れて資料検索をするほどの気持ちは

なかった。

　ところが、紙面のスペースの半分近くにも達する「ある新聞記事」(『朝日新聞』1995年7月2日)には次のような有機農業批判が書かれていたのだ。私は一読して身が震えるような憤りを覚え、大急ぎで反論を用意して、同紙の「論壇」に投稿した。以下はその投稿内容の転載である(1995年7月21日。横書きにするにあたり、漢数字は算用数字に変更した。下線は原文になし)。

　「2日付本紙の『主張・解説』欄に、国立民族学博物館の石毛直道教授の『グルメとダイエット』と題する論考が掲載されていました。石毛教授は望ましい食の在り方として、『自分なりの価値観をもって、賢明に食を享受すること』『食べ物を無駄なく楽しむ』ことの重要性を指摘しておられました。この点に関しては、私も全く同感です。

　しかし、有機農業に関する次のようなご指摘には疑問を感じます。少し長くなりますが引用します。

　『無農薬の有機農法による野菜は価格が高いし、世界中の人々が有機農法による農作物を食べるとしたら、世界の農業生産は低下して、現在の地球人口を養うことが不可能になるだろう。飢えている人口を抱える国々からすれば、それはぜいたくな農業である』

　ご指摘のとおり、現時点では『無農薬の有機農法』は『ぜいたくな農業』と映るかもしれません。平均値で見る

かぎり、有機農業は農薬や化学肥料に頼る近代化学農業よりも反当たりの収量が低いからです。多くの人々の『語感に由来した有機農業イメージ』もこれに近いでしょう。

　議論の拡散を防ぐため、範囲を日本の有機農業に限定し、石毛教授のご指摘を検討したいと思います。

　農林水産省の有機農業についての調査(1992年3月公表)によれば、無農薬・無化学肥料栽培の農家(契約栽培約400戸)の回答は次の通りです。

　①手取り価格は、『周辺通常栽培と同程度』が19％、『高い』が69％(1～2割高36.2％、3～4割高24.2％、5割高以上8.5％)、『低い』が6％(1～2割低5.6％、3～4割低0.8％、5割低以上ゼロ)。

　②反当たりの収量は、『周辺通常栽培と同程度』が26％、『高い』が11％(1～2割高8.5％、3～4割高2.1％、5割高以上0.8％)。そして『低い』が60％(1～2割低35.9％、3～4割低21.5％、5割低以上2.9％)です(無回答を除く)。

　確かに平均値で見ると有機農産物の価格は高く、有機農業の反当たりの収量は低いですが、手取り価格は『周辺通常栽培と同程度』から『1～2割高い』の範囲に5割強が、反当たりの収量は『同程度』から『1～2割低い』の範囲に6割強がおさまっています。店頭価格では2～4割高になりますが、それでも有機農業はよく健闘していると思います。

　しかも、こうした収量比較には大きな落とし穴があります。

　近代化学農業(通常栽培)の高い生産力は時間・資金・研究者を"総動員"して実現されたものです。農水省、文部省、地方自治体、農協などが投じた近代化学農業技術の試験研究開発費総額、研究者総数はどれほどになるでしょうか。

　他方、国や県や農協は有機農業の技術開発にどれほどの熱意を示し、人的・物的・時間的投資を行ったでしょうか。答えはほとんどゼロです。それどころか有機農業者を変わり者扱いしてきました。有機農業者は黙殺や周囲の冷たい視線に耐え、自らの創意工夫と努力で技術開発を行ってきました。ちなみに国や農協が有機農業を公式に承認したのは88年ですが、その後も公的機関による有機農業の技術開発はあまり行われていません。

このような欠陥をもつ収量比較によって、有機農業を『ぜいたくな農業』と決めつけるのはまだ時期尚早ではないかと思います。
　最後にもう一言、有機農業という言葉は 71 年に日本有機農業研究会が造語した言葉であり、同会に加入する消費者グループは『間引き菜から薹(とう)が立つまで、葉っぱから根っこまで』食べ方を工夫すること(一物全体食)を目指し、等身大の活動を続けていることを指摘しておきたいと思います。
　生産者と消費者の『顔と暮らしの見える有機的人間関係の創造』『作り方・運び方・食べ方の総体的な変革』を目指す日本の有機農業運動は、石毛教授ご指摘の『賢明に食を享受すること』を 20 年以上も続けてきました。その『提携思想』は生協と農協の地域総合産直やアメリカの地域が支える農業(CSA)運動などにも影響を及ぼしています。
　　　　　　　　　（農水省農業総合研究所雇用・所得研究室長＝投稿)」

　石毛直道教授(当時)の論考が、発行部数 800 万部を誇る朝日新聞ではなく、部数の少ない商業雑誌、大学の紀要、学会誌などに掲載されていたら、そして、その肩書きが「世界の食文化を研究する人」程度のものであったとしたら、私は反論しなかっただろう。有機農業に対しては、それまでにもたくさんの批判があり、この程度の批判は私にとっては「耳にたこ」的存在であったからだ。
　だが、国立民族学博物館という権威ある研究機関の教授(その後 1997 年 4 月から 2003 年 3 月まで館長を務め、定年退職後の現在は名誉教授)が、日本第 2 位の発行部数を誇る朝日新聞紙上に、有機農業を「ぜいたくな農業」(太字部分)と決めつける論考、しかも"事実誤認"に基づく主張を展開している。その社会的影響力の大きさに鑑みて、私は座視するわけにはいかなかったのである。
　その結果、投稿前に予想していたとおり、「論壇」を読んだ私の勤務先研究所・農水省本省・農林水産技術会議の「研究公務員の言動を監督する役職」にある人びとからお叱りを受け、私の有機農業研究に対する彼らの"監視の目"は一段と厳しさを増すことになる。そして、これまで何度となく

耳にした台詞、「それほど農政を批判したければ、大学か民間の研究機関に移ってはどうか。君はここで禄を食む資格がない。君の存在は迷惑だ」との面詰の言を改めて聞くことになった。組織に忠実な彼らは、たとえ一言半句であっても、研究公務員の農政批判(下線部分を参照)を許さないのだ。

しかし、懲りない私は彼らの"警告"を無視し、「論壇」投稿を契機に、「有機農業の生産力に関する情報収集」を本格的に始めることになる。ただし、話をそこに移す前に、「有機農業が有する多面的な公益的機能」を参考までに次項で解説しておきたい。

(以下の本章における解説は、拙稿「有機農業推進政策導入の可否をめぐる経済学的考察」(日本有機農業学会編『有機農業法のビジョンと可能性●有機農業研究年報Vol.5』コモンズ、2005年)の一部を加筆・修正して転載したものである)。

3　有機農業の多面的な公益的機能

不幸なことだが、有機農業は"語感イメージ"すなわち有機農業という言葉が醸し出す心象に依拠して語られる場合が少なくない。前記の石毛教授も教授なりの語感イメージに基づいて、有機農業を「ぜいたくな農業」と批判している。

「群盲象を撫でる」*という成句があるが、ある人は農法側面をイメージして有機農業を無農薬・無化学肥料栽培とか堆肥農業と捉え、他の人は経済側面をイメージして高付加価値型農業とか差別化・わけあり・個性化商品を生産する農業と捉える。だが、これらは図6に示すように、有機農業が有する多面的な公益的機能および価値の総体の一端を捉えたものにすぎない。

(*この成句は差別表現として、マスメディアなどは使用を自粛している。

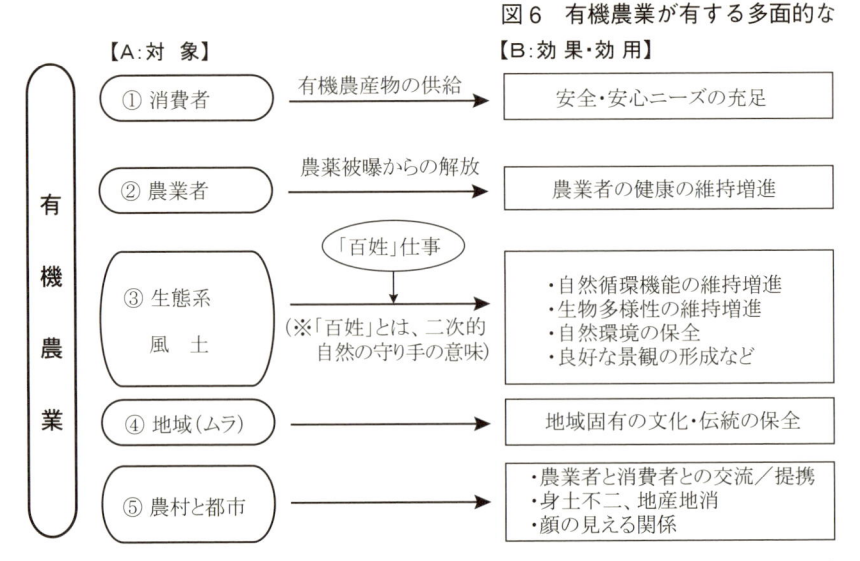

図6　有機農業が有する多面的な効果・効用

【A：対象】有機農業
① 消費者　―有機農産物の供給→　安全・安心ニーズの充足
② 農業者　―農薬被曝からの解放→　農業者の健康の維持増進
③ 生態系・風土　―「百姓」仕事→（※「百姓」とは、二次的自然の守り手の意味）
　・自然循環機能の維持増進
　・生物多様性の維持増進
　・自然環境の保全
　・良好な景観の形成など
④ 地域（ムラ）　→　地域固有の文化・伝統の保全
⑤ 農村と都市　→
　・農業者と消費者との交流／提携
　・身土不二、地産地消
　・顔の見える関係

（注）本図の作成にあたり、日本有機農業学会有機農業政策研究小委員会「有機農業推進法試案

しかし、これも他の成句と同じく無形の文化遺産である。差別的であるか否かは、その成句が使用される状況や使用者の姿勢にある。面倒事を回避するだけの安直な言葉狩りには与(くみ)したくないので、私はこの成句を使用している）

　本来、有機農業には以下に述べる「6つのメリット」がある。すなわち、有機農業は①有機農産物の供給を通じて、消費者の安全・安心ニーズを充足するばかりでなく、②農業者を農薬散布作業に附随する農薬被曝から解放することによって、彼らの健康の維持増進に寄与する。そして、③水田、畑、里地、里山など二次的自然の守り手たる農業者が信念に基づき自覚的に行う畦草刈り、農業用水路の管理、下草刈り、堆肥づくりなど、丁寧な「百姓仕事」によって、農業が本源的に有する自然循環機能や生物多様性など「自然ストック」を回復・増進し、あるいは④地域の自然景観を豊かにし、⑤身土不二、地域自給、地場生産・地場消費(地産地消)などの理念に基づく、農業者と都市生活者との「顔と暮らしの見える交流」や提携(有機的人間関係の構築)によって、当該地域の農的暮らし・文化・伝統など「社会ストック」の回復・増進に寄与するなど、多面的な公益的機能と価値を有

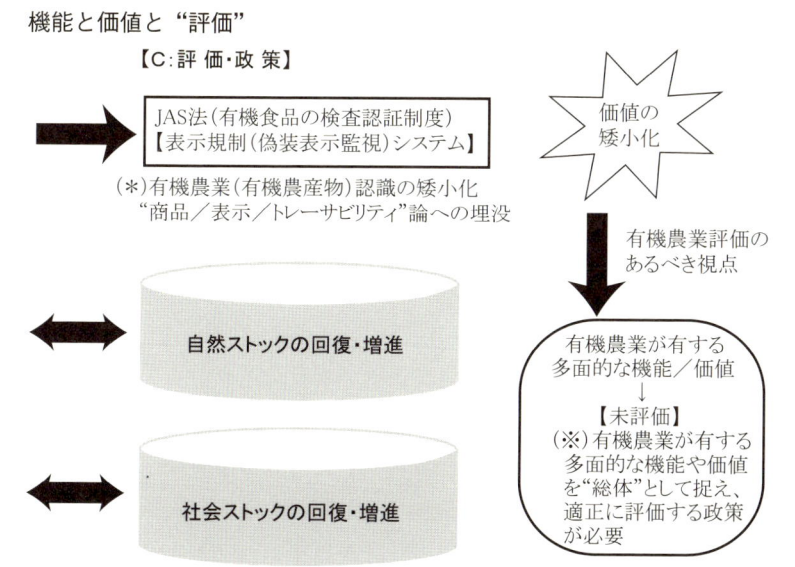

機能と価値と"評価"

【C：評 価・政 策】

→ JAS法(有機食品の検査認証制度)
【表示規制(偽装表示監視)システム】

(＊)有機農業(有機農産物)認識の矮小化
"商品／表示／トレーサビリティ"論への埋没

価値の矮小化

↓

有機農業評価のあるべき視点

↔ 自然ストックの回復・増進

↔ 社会ストックの回復・増進

有機農業が有する多面的な機能／価値
↓
【未評価】
(※)有機農業が有する多面的な機能や価値を"総体"として捉え、適正に評価する政策が必要

について(解説)」(2005年8月公表)を参考にした。

　している。さらに、有機農業は⑥化学物質過敏症に悩む人びとの苦痛を軽減する貴重な存在であり、彼らにとって有機農産物は文字どおり「生命の糧」となっている。

　にもかかわらず、有機農業が有するそうした高度な機能と多面的な価値は評価の次元において矮小化され、今日に至っている。しかも、評価を一方的に矮小化し、それを制度化したのは、農林水産省であった。

　周知のごとく、1999年7月にJAS法(農林物資の規格化及び品質表示の適正化に関する法律)が一部改正され、試行期間を経て、2001年4月から「有機食品の検査認証制度」が本格運用されている。しかし、改正JAS法に基づいて2000年1月に制定された「有機農産物の日本農林規格」第2条の「有機農産物の生産の原則」に明記された基本理念は忘れ去られてしまった。いま、同制度は単なる「表示規制(偽装表示監視)システム」として、さらに言えば、白眼視・冷笑・抑圧に耐えて日本の有機農業運動を担ってきた先駆的有機農業者が実践する多様な「百姓仕事」を、農薬や化学肥料を「撒く、撒かない」の次元に矮小化し、虚偽申告の有無のみを事務的・機械的

にチェックする「有機農業者管理・監督システム」として運用され、今日に至っているのだ。

　ちなみに、「有機農産物の生産の原則」は次のように記述されている。

　　「農業の自然循環機能の維持増進を図るため、化学的に合成された肥料及び農薬の使用を避けることを基本として、土壌の性質に由来する農地の生産力を発揮させるとともに、農業生産に由来する環境への負荷をできる限り低減した栽培管理方法を採用したほ場において生産すること」

　官製とは言え、この「生産の原則」には有機農業技術の基本理念が簡潔に表現されていた。それらを発展・深化させれば、思考の枠組みは図6に近くなったにちがいない。また、有機農業が有する多面的な公益的機能および価値のうち、適正に評価されないものが多数あること、換言すれば、有機食品の検査認証制度の機械的運用は有機農業が内包する価値の矮小化につながることに気づけたにちがいない。それにもかかわらず、単なる「表示規制(偽装表示監視)システム」「有機農業者管理・監督システム」しか発想できなかったのは、有機農業に関する実務経験や学識を有する人びとの提言を"聞く耳"が農水省・行政官たちになかったからだ、と言わざるを得ない。

　この弊害を除去するために考案された法制度が「議員立法」として、2006年12月に制定された「有機農業の推進に関する法律」(通称：有機農業推進法)である。同法は、有機農業の健全な発展に必要な諸施策の立案と実行を農水省に「要求」(陳情でなく、文字どおりに要求)する際の法的根拠となり、有機農業(運動)関係者にとって非常に「頼りになる法律」である。活用いかんでは、農水省官僚たちの不作為を許さない武器になる。その詳細は別の機会に譲り、ここでは、有機農業には多様な公益的機能があることを確認して、話題を「有機農業の生産力に関する情報収集」に戻したい。

4　平均より収量が多い有機農家も少なくない

　前掲した朝日新聞の「論壇」で、有機農業の技術開発研究を近代化学農業（慣行農業）並みに推進すべきと主張して以来、私の元には農水省の行政官などから直接的・間接的に多くの反論や叱責が寄せられた。それらを整理すると、彼らが「国の農政として、有機農業の推進は困難」としてきた理由は以下のようになる。

(1)　「食料・農業・農村基本法」(1999年7月)に示される農政の「4つの基本理念」(第2条〜第5条)は、①食料の安定供給の確保（食料自給率の向上）、②多面的機能の発揮、③農業の持続的な発展、そして④農村の振興である。なかんずく、食料自給率の向上は日本の農政にとっての「至上命題」である。

(2)　単収において慣行農業に大きく劣る有機農業は、この命題に抵触する。したがって、有機農業の政策的な推進は、農水省の所掌業務上きわめて困難である。

(3)　日本の農業政策において推進すべきは、環境保全と生産性の確保とが「両立」する農業でなければならない。

　だが、「有機農業は低収量」と決めつける農水省の行政官たち、というより、農水省という組織の有機農業認識は、少なくとも以下の2点において誤謬を犯している。

【誤謬1】1991年の標本

　平均値で見れば、日本の有機農業は慣行農業に比して低収量である。しかし、ひと口に有機農業と言ってもピンからキリまであり、多様だ。慣行農業と遜色のない単収を実現している経営も少なくない。

　資料が古いが、図7は、農水省が(財)農産業振興奨励会に調査委託（足立注：実態は、同会から(社)食品需給研究センターに丸投げ）した報告書『平成

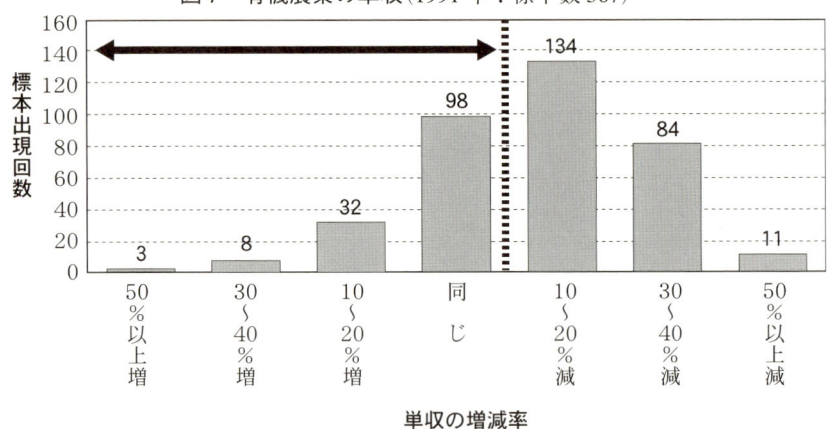

図7　有機農業の単収(1991年：標本数367)

単収の増減率	標本出現回数
50％以上増	3
30〜40％増	8
10〜20％増	32
同じ	98
10〜20％減	134
30〜40％減	84
50％以上減	11

(資料) 農水省『平成3年度有機農産物等生産・流通・消費調査結果』1992年7月。

3年度有機農産物等生産・流通・消費調査結果』(1992年7月公表)にあったデータに基づいて作図したものである。

これによれば、「周辺の慣行農業と同程度の単収」と回答したものが367標本中98標本、「多い」と回答したものが43標本(約12％)も存在する(ただし、米・野菜・果樹合計。作物別の標本数は不明)。

当時、アンケート個票の閲覧を拒否されたため、どこの誰が回答したのか追跡調査できなかったが、合わせて実に141標本、約38％もの有機農業者が「慣行農業に比して遜色なし」と回答していた"事実"を看過してはなるまい。

もし、当時のアンケート個票が廃棄を免れて現存するなら、農水省は「多い」と答えた43標本を特定して再調査し、栽培技術データを収集・蓄積して、現場即応的・実用的な有機農業技術の解明・普及につなげるべきである。

【誤謬2】2002年の標本

そもそも、有機農業と慣行農業の単収を直接、単純比較すること自体が"非科学的"であり、"アンフェアー"と言うべきである。

先の「論壇」でもふれたが、慣行農業が実現している現在の高収量は「時間・資金・研究者を"総動員"して実現できた」ものである。試みに推計してみるがよい。農林水産省、文部科学省、地方自治体、農協などが第二次世界大戦後、農薬・化学肥料に依拠する近代化学農業(慣行農業)技術の開発に投じた総費用、研究者総数は、どれほど巨大な値になるだろうか？

　ひるがえって、上記の機関・団体は、有機農業技術の開発にどれほどの熱意を示し、人的・物的・時間的投資を行なってきただろうか？　言うまでもなく、ほとんど皆無といってよい状態である。有機農業推進法が制定されて以降、いくぶん改善されたとはいえ、今日なお十分とはいえない状況が続いている。

　そんな継子扱いを受けながらも、図8に示すように、2002年産有機米の単収は10aあたり436kgで、慣行農業全国平均527kgの82.7%水準に到達している。まさに大健闘であり、これこそ「有機農業の底力」と前向きに評価すべきであろう。

　というのは、もし、国、地方自治体、農協などが有機農業の技術開発に

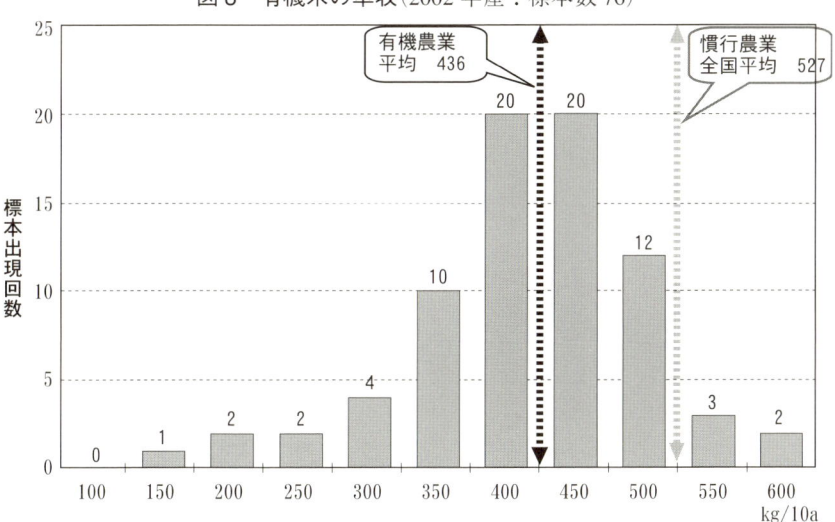

図8　有機米の単収(2002年産：標本数76)

単収(kg/10a)	100	150	200	250	300	350	400	450	500	550	600
標本出現回数	0	1	2	2	4	10	20	20	12	3	2

有機農業平均　436
慣行農業全国平均　527

(資料) 農林水産省大臣官房統計部『環境保全型農業(稲作)推進農家の経営分析調査』(2003年公表)の個票にもとづき筆者作成。

「時間・資金・研究者を"総動員"」すれば、おそらく今後10年程度で、自給率の向上に資する生産力の高い有機農業技術が開発・実用化されるにちがいない。そんな期待のもてる高収量・有機農業技術が少数ながらも、すでに存在しているからだ。

　ちなみに、米について言えば、図8に明らかなように、76標本のうち**5標本**(7%弱)が慣行農業をしのぐ高い単収を実現している。2002年調査の個票が保存されているなら、有機農業を低収量と決めつける前に、農水省はこの5標本を特定し、しかるべき研究者を現地に派遣して、当該農家の有機米栽培技術の解明に努めるべきである。そして、当該農家の承認が得られれば、農水省以外の研究者がアクセスできるよう、氏名と連絡先を公表すべきである。

　かたや巨大な研究資源の継続的投入によって支えられた慣行農業、かたや白眼視され継子扱いされてきた有機農業。そうした歴史的経緯を捨象した、両者の収量の単純比較がいかに"非科学的"であるか、農水省・行政官をはじめ内外(先の米国ネブラスカ大学のカスマン教授らを含む)の有機農業批判者たちは気づくべきである。

第5章

有機農業は
世界（全人類）を養える

1　ポイントは単収比の信頼性

　本題に入る前に第1章の要点を簡潔に復習しておこう。
　バッジリー助教らは表2(12ページ)を提示して、読者に次のような観察事実の"発見"を示唆した。
　(1)　先進国においては、有機農業は慣行農業より単収が7.8％少ない(単収比＝0.922)。
　(2)　途上国においては、有機農業は慣行農業より単収が80.2％多い(単収比＝1.802)。
　(3)　先進国と途上国を合わせた世界(地球)全体では、有機農業は慣行農業より単収が32.1％多い(単収比＝1.321)。
　これらの観察事実から、以下が「演繹」される。
　「先進国と途上国を合わせた世界(地球)全体での単収比＝1.321が統計学的に『ゆるぎない(信頼に足る)』ものであるなら、慣行農業から有機農業への農法転換によって人類は現状の1.321倍の食糧を手に入れられる」
　ここで重要なのは、単収比の信頼性に対する統計学的検証だ。検証の結果、単収比が統計学的に「信頼不能」となれば、その後に続く有機農業の潜在的食糧生産力(1日1人あたりカロリー供給量)の推計作業は論拠を失う。だが、検証結果は、第1章の2で詳しく解説したように、総体として「信頼に足る」ものであった。
　私はこの点を捉えて、「コペルニクス的転回」と評価した。というのは、バッジリー助教らの研究貢献は、信頼に足る単収比を提示したことにあると考えるからだ。つまり、「7つの多様性」(21ページ)を有する単収比の収集・分析・提示は、文字どおり世界の有機農業研究史上初の試みであり、これこそが彼女らの"発見"の本質だからである。
　バッジリー助教らは次に、単収比とFAO(国連食糧農業機関)の「2001年統計データ・ベース(食糧生産、カロリー供給)」を用いて、有機農業の潜在的

食糧生産力(1日1人あたりカロリー供給量)を推計。「有機農業で世界の全人口(01年)を養える」ことを、論文紙幅の70%以上を費やして論証する。だが、私は、この作業を蛇足と考える。その理由は、上の復習でもふれたが、数行の記述で間に合うと思うからだ。私なら、こう書く。

「2001年に人類は慣行農業によって1日1人あたり2,786キロ・カロリー相当量の食糧を確保した(FAO資料)。他方、われわれは、先進国と途上国を合わせた世界全体の単収比が1.321であることを明らかにした(12ページ表2)。これは、他の事情が同じならば、慣行農業から有機農業への農法転換により現状の1.321倍、約3,680キロ・カロリー相当量の食糧を確保しうることを意味する。ちなみに、栄養学者が好ましいと考える成人1日1人あたりカロリー摂取量は2,200～2,500キロ・カロリーとされる。以上の考察により、有機農業は余裕をもって世界人口を養える。そう断定して大過ない」

すでに自明だが、この記述には、バッジリー助教らが行なったような緻密な推計作業は一切、不要である。

私が論文の査読者(レフェリー)だったら、バッジリー助教らに対して、次のように対応するだろう。

ミンダナオ島・南ダバオ州マグサイサイ町の米の収穫風景(2009年2月撮影)。頭に担いでいるのは、刈り取り労働者が日当として受け取った稲の束。09年も豊作だ

「この論文のオリジナリティー（独創性、存在価値）は、先進国および途上国における単収比の収集と分析（平均値の提示）にある。紙幅を割いて行うべきは、当該指標（平均値）の信頼度に対する統計学的検証である。もし信頼度に問題があれば、当該指標に立脚する著者らの主張は論拠を失う。この論文の価値を決めるのは、言うまでもなく、『指標の信頼度』である。にもかかわらず、この論文には、その『検証』がない。また、平均値から『演繹』される、有機農業による1日1人あたりカロリー供給量の推計部分は、いわば蛇足に近い。したがって、もっと簡潔に整理すべきである」

そして、論文の再提出を求めるだろう。とはいえ、バッジリー助教らが紙幅の70％以上も費やした部分を捨てて顧みないのも忍びない。参考までに以下、紹介しておこう。

2 先進国の単収比を用いた食糧生産量の推計

表2（12ページ）にあるように、「食料合計（①植物性食料＋②動物性食料）」の単収比には「先進国0.922＜世界1.321＜途上国1.802」という大小関係が存在する。容易に理解できるように、使用する単収比の大きさと有機農業の潜在的食糧生産力の推計値の大きさとは比例する。

いうまでもなく、「先進国の単収比を用いる場合」の推計値がもっとも小さい。バッジリー助教らはこれを「モデルⅠ」と命名し、慣行農業から有機農業に農法転換した場合の食糧生産量を以下の要領で推計している。

紙幅の節約のため、表6の内容と推計手順を箇条書きで説明する。
(1) B列は「慣行農業による食糧生産量（世界計：実績値）」、C列は「そのうち、人間の口に直接入った食糧の量（世界計：実績値）」を表す。データはともに、世界の食糧生産とカロリー供給に関する「2001年FAO統計データ・ベース」からの転載である。
(2) A列の食料内訳には、表2にはなかった木の実、アルコール飲料、動物性油脂、魚介類、その他水産物の5項目が加わっている。

第5章　有機農業は世界(全人類)を養える　77

表6　有機農業に農法転換した場合の食糧生産量(モデルⅠ)

(A) 食料内訳 (単位)	(B) 慣行農業による食糧生産量(世界計：実数) (1,000 t)	(C) うち、人間の口に直接入った食糧の量(世界計：実数) (1,000 t)	(D) 人間の口に直接入った食糧の割合 (C÷B)	(E) 単収比 (表2より転載) ※先進国の単収比を使用	(F) 有機農業に農法転換した場合の食糧生産量(推計) (B×E) (1,000 t)	(G) うち、人間の口に直接入る量(推計) (D×F) (1,000 t)
穀物	1,906,393	944,611	0.50	0.928	1,769,133	884,566
いも類	685,331	391,656	0.57	0.891	610,630	348,059
砂糖類	1,666,418	187,040	0.11	1.005	1,674,750	184,223
豆類	52,751	32,400	0.61	0.816	43,045	26,257
木の実	7,874	7,736	0.98	0.914	7,197	7,053
油糧作物・植物油	477,333	(イ) 110,983	0.23	0.991	473,037	(ロ) 108,799
野菜類	775,502	680,802	0.88	0.876	679,340	597,819
果物類	470,095	372,291	0.79	0.955	448,941	354,663
アルコール飲料	230,547	199,843	0.87			
肉類	252,620	247,446	0.98	0.988	249,589	244,597
動物性油脂	32,128	19,776	0.62	0.968	31,100	19,282
乳・乳製品(バターを除く)	589,523	479,345	0.81	0.949	559,457	453,160
卵	56,965	50,340	0.88	1.060	60,383	53,137
魚介類	124,342	95,699	0.77			
その他水産物	10,579	8,514	0.80			

(3) 木の実の単収比には表2の「植物性食料合計①」0.914を、動物性油脂の単収比には「動物性食料合計②」0.968を便宜的に適用した。

(4) アルコール飲料、魚介類、その他水産物の3項目に関するF列およびG列は、太枠の空欄にしてある。ただし、この部分は「ゼロ」ではなく、B列およびC列のアルコール飲料、魚介類、その他水産物の3項目の数値がそれぞれ転記される。太枠の空欄にしたのは、この3項目を「慣行農業と有機農業との差がない」と仮定して扱うことを読者に強調し、注意を喚起するためである。

(5) 穀物のD列の数値0.50は、「生産された穀物(重量)のうち、人間が直接食べたのは50％、残りの50％は家畜の餌として乳・肉・卵の生産に

使われた」ことを意味する。同様に、いも類の 0.57 は「人間が 57％ を食べ、43％ が家畜の餌にされた」ことを意味する。

(6) F列の「有機農業に農法転換した場合の食糧生産量」は、B列にE列の「単収比(表2より転載した先進国の単収比)」を掛けて得られる。

(7) そしてG列は、上で求めたF列にD列を掛けて得られる。

(8) D列の人間の口に入った食糧の割合は、四捨五入して小数点以下2桁にまるめてある。

前述のように、先進国の単収比を用いる「モデルⅠ」は「もっとも控えめな推計」結果をもたらす。バッジリー助教らがこの推計を行なったのは、後に示すように、「もっとも控えめな推計であっても、有機農業の食糧生産量は栄養学者が好ましいと考えるカロリー摂取量 2,200～2,500 キロ・カロリーを超えている」ことを示したかったのだろう、と私は推測する。

3　現実の状況に近い食糧生産量の推計

FAO 統計データ・ベース(80～81 ページ 表7 の B 1 列～B 3 列、C 1 列～C 3 列)によれば、2001 年に世界で約 19 億 1,000 万 t 弱の穀物(うち先進国で約 8 億 8,000 万 t、途上国で約 10 億 3,000 万 t 弱)が生産された。そのうち、人間が食糧として直接食べたのは世界で約 9 億 4,000 万 t 強(先進国では 1 億 8,000 万 t 弱、途上国では 7 億 7,000 万 t 弱)で、穀物生産量全体に占める割合は 0.50 (先進国 0.20、途上国 0.75)となっている。

残りの穀物は家畜の飼料となり、迂回生産されて乳・肉・卵に変形され、付加価値のついた高タンパク動物性食料として人間の口に入る。ちなみに「先進国 0.20」は「先進国で生産された穀物のうち、人間が直接食べたのはわずか 20％、残りの 80％ は餌として家畜に与えられた」ことを表している。参考までに示すと、1 kg の鶏卵、鶏肉、豚肉、牛肉(部分肉)を得るためには、鶏には 3 kg(鶏卵)から 4 kg(鶏肉)、豚には 7 kg、牛には 11 kg の穀物(日本における飼養方法をもとにしたトウモロコシ換算による試算)を与える必要がある

(農林水産省「食料の未来を描く戦略会議」資料集、7ページ、2008年5月)。

穀物以外にも、いも類、豆類、野菜類、肉類、卵、魚介類など計15食料群についての国別、地域別データが得られる。

そこで、バッジリー助教らは次に、2001年FAO統計データ・ベースと表2の先進国・途上国の単収比を用いて「モデルⅡ」を設計。両地域における有機農業の潜在的食糧生産力を個別に計算して、現実の食糧生産状況に近い、より確度の高い推計結果を得ようと試みている(表7)。

表7の表頭(1行目の項目(B)～(F))、表側(1列目の食料内訳)および計算手順は表6と同じだから、それ以外の注意点を示そう。

⑴　先進国の木の実には先進国の「植物性食料合計①」の0.914、動物性油脂には先進国の「動物性食料合計②」の0.968を便宜的に適用した。

⑵　途上国の砂糖類・木の実には途上国の「植物性食料合計①」の1.736、

ダバオ湾に浮かぶ常夏の小島、サマール島の水田風景 (2007年2月撮影)。雨量に恵まれたので、手前の水田では二期作目の稲が植えられた。中央に見える粗末な小屋は、稲作に必要な資材類を一時保管しておく「出小屋」

表7 有機農業に農法転換した

(A) 食料内訳	(B1) 慣行農業に よる食糧生 産量 (先進国計:実数)	(C1) うち、人間の 口に直接入っ た食糧の量 (先進国計:実数)	(D1) 人間の口に 直接入った 食糧の割合 (C1÷B1)	(E1) 単収比 (表2より転載)	(F1) 有機農業に農法転換 した場合の食糧生産 量のうち、人間の口 に直接入る量(推計)
(単位)	(1,000 t)	(1,000 t)		単収比	C1×E1(1,000 t)
穀物	879,515	178,973	0.20	0.928	166,087
いも類	176,120	96,754	0.55	0.891	86,208
砂糖類	332,987	56,274	0.17	1.005	56,555
豆類	15,122	1,679	0.11	0.816	1,370
木の実	2,194	3,336	1.52	0.914	3,049
油糧作物・植物油	175,591	25,316	0.14	0.991	25,088
野菜類	163,815	150,127	0.92	0.876	131,511
果物類	123,276	108,224	0.88	0.955	103,354
アルコール飲料	122,376	110,827	0.91		
肉類	111,595	106,865	0.96	0.988	105,583
動物性油脂	21,420	10,881	0.51	0.968	10,533
乳・乳製品(バターを除く)	347,782	260,699	0.75	0.949	247,403
卵	18,645	16,697	0.90	1.060	17,699
魚介類	30,894	30,401	0.99		
その他水産物	958	234	0.24		

途上国

(A) 食料内訳	(B2) 慣行農業に よる食糧生 産量 (途上国計:実数)	(C2) うち、人間の 口に直接入っ た食糧の量 (途上国計:実数)	(D2) 人間の口に 直接入った 食糧の割合 (C2÷B2)	(E2) 単収比 (表2より転載)	(F2) 有機農業に農法転換 した場合の食糧生産 量のうち、人間の口 に直接入る量(推計)
(単位)	(1,000 t)	(1,000 t)		単収比	C2×E2(1,000 t)
穀物	1,026,878	765,638	0.75	1.573	1,204,349
いも類	509,211	294,902	0.58	2.697	795,351
砂糖類	1,333,430	130,766	0.10	1.736	227,010
豆類	37,628	30,721	0.82	3.995	122,730
木の実	5,680	4,400	0.77	1.736	7,638
油糧作物・植物油	301,741	85,667	0.28	1.645	140,922
野菜類	611,687	530,675	0.87	2.038	1,081,516
果物類	346,818	264,067	0.76	2.530	668,090
アルコール飲料	108,172	89,016	0.82		
肉類	141,024	140,581	1.00	1.802	253,327
動物性油脂	10,708	8,895	0.83	1.802	16,029
乳・乳製品(バターを除く)	241,742	218,645	0.90	2.694	589,030
卵	38,320	33,643	0.88	1.802	60,625
魚介類	93,447	65,298	0.70		
その他水産物	9,621	8,280	0.86		

場合の食糧生産量(モデルⅡ)

(A) 食料内訳	世界			
	(B3) 慣行農業による食糧生産量 (世界計:実数)	(C3) うち、人間の口に直接入った食糧の量 (世界計:実数)		(F3) 有機農業に農法転換した場合の食糧生産量のうち、人間の口に直接入る量(推計)
(単位)	(1,000 t)	(1,000 t)		(1,000 t)
穀物	1,906,393	944,611		1,370,436
いも類	685,331	391,656		881,559
砂糖類	1,666,418	187,040		283,565
豆類	52,751	32,400		124,100
木の実	7,874	7,736		10,687
油糧作物・植物油	477,333	110,983	イ	166,010
野菜類	775,502	680,802		1,213,027
果物類	470,095	372,291	ハ	771,444
アルコール飲料	230,547	199,843		
肉類	252,620	247,446		358,910
動物性油脂	32,128	19,776		26,562
乳・乳製品(バターを除く)	589,523	479,345		836,433
卵	56,965	50,340		78,324
魚介類	124,342	95,699		
その他水産物	10,579	8,514		
	B3=B1+B2	C3=C1+C2		F3=F1+F2

　肉類・動物性油脂・卵には途上国の「食料合計(①+②)」の1.802を便宜的に適用した(足立注:肉類などに対して「動物性食料合計②」の2.694を適用しないのは、過剰推計になることを回避するための工夫であろう)。

4　有機農業による「1日1人あたりカロリー供給量」の推計

　表8は、有機農業による「1日1人あたりカロリー供給量」を推計するために、前掲の表6(モデルⅠ)と表7(モデルⅡ)を切り張りしたものである。
　既出の表にない項目は、数値データ2列目「①のカロリー換算値【A】」である。これは1列目の「①慣行農業:人間の口に入った食糧(世界計:実数)(⑦と表示)」の数値をそれぞれカロリー換算したもので、バッジリー助教らは両データを2001年FAO統計データ・ベースから転載している。そ

表8 有機農業による「1日1人あたりカロリー供給量」の推計：モデルⅠおよびモデルⅡ

食料内訳	①慣行農業：人間の口に直接入った食糧の量（世界計：実数）	①のカロリー換算値【A】	②有機農業モデルⅠ人間の口に直入る食糧の量(推計)	①に対する②の割合【B】	②のカロリー換算値【A】×【B】	③有機農業モデルⅡ人間の口に直入る食糧の量(推計)	①に対する③の割合【C】(③÷①)	③のカロリー換算値【A】×【C】
(単位)	(1,000 t)	(Kal/日)	(1,000 t)	【B】	(Kal/日)	(1,000 t)	【C】	(Kal/日)
穀物	944,611	1,335.3	884,566	0.94	1,255.2	1,370,436	1.45	1,936.2
いも類	391,656	146.8	348,059	0.89	130.7	881,559	2.25	330.3
砂糖類	187,040	247.7	184,223	0.98	242.7	283,565	1.52	376.5
豆類	32,400	53.8	26,257	0.81	43.6	124,100	3.83	206.1
木の実	7,736	8.9	7,053	0.91	8.1	10,687	1.38	12.3
油糧作物・植物油	110,983	326.4	108,799	0.98	319.9	166,010	1.50	489.6
野菜類	680,802	72.7	597,819	0.88	64.0	1,213,027	1.78	129.4
果物類	372,291	77.8	354,663	0.95	73.9	771,444	2.07	161.0
アルコール飲料	199,843	64.0			64.0			64.0
肉類	247,446	211.1	244,597	0.99	209.0	358,910	1.45	306.1
動物性油脂	19,776	61.2	19,282	0.98	60.0	26,562	1.34	82.0
乳・乳製品(バターを除く)	479,345	119.7	453,160	0.95	113.7	836,433	1.74	208.3
卵	50,340	32.3	53,137	1.06	34.2	78,324	1.56	50.4
魚介類	95,699	27.4			27.4			27.4
その他水産物	8,514	1.4			1.4			1.4
合計		2,786.4			2,642.9			4,380.9

（イ、ロ、ハ、Ⅰ、Ⅱの記号が表中に付記されている）

して、彼女らは、表6と表7から切り張りしたモデルⅠ（回と表示した列）およびモデルⅡ（ハと表示した列）の推計値をもとにして、それぞれのカロリー換算値（①およびⅡと表示した列）を計算する。

このように"苦心"して得た推計結果が表8の最下段に示されている。そして、この推計値を論拠にしてバッジリー助教らは、第1章の2（14ページ）に紹介したように主張するのだ。重複するが、その部分を再掲して第5章の「むすび」としたい。

（1）2001年現在、世界（地球）全体では1日1人あたり2,786キロ・カロリー

に相当する食糧が（慣行農業によって）生産されていた（FAO 資料）。

(2)　表 2 に整理した単収比を使って同時期の有機農業の「潜在的食糧生産力（1 日 1 人あたりカロリー供給量）」を推計すると、2,641（モデルⅠ）〜4,381（モデルⅡ）キロ・カロリーとなる。

(3)　栄養学者が好ましいと考えるカロリー摂取量（成人）は概ね 2,200〜2,500 キロ・カロリーだ。これを考慮すれば、「世界の全人口を有機農業によって扶養することは十分可能であった」といえる。

【付　記】

　バッジリー助教らの共同論文には、数字の印刷ミスや計算違いが目立つ。いちいち指摘しなかったが、気づいたものはすべて訂正して、この第 5 章を書いた。また、読者の理解を容易にする目的から、表のつくり方にも私流の工夫をしたことを、お断りしておきたい。

　なお、原論文との照合に興味のある読者のために一例をあげれば、表 6（原論文では Table 2）G 列の数字はすべて間違っていた。なぜ、こんな単純な計算ミスを犯し、かつ、それに気づかなかったのか、私には理解できない。

　だが、幸いにも、計算ミスの影響は無視しうるほどに小さかった。有機農業の潜在的食糧生産力（1 日 1 人あたりカロリー供給量）を、原文の「2,641（モデルⅠ）」から表 8 最下段に示したように「2,642.9（モデルⅠ）」に訂正するだけですんだ。

あとがき

　私は農林水産省・農林水産政策研究所(旧農林省・農業総合研究所)に奉職し、定年退職するまでの30余年間、もっぱら「日本型有機農業(運動)の現代的意義」に関する社会経済学的研究を行なってきました。しかし、「登録農薬の安全性はすべて確認ずみ」とする農水省の施策方針を真っ向から批判する有機農業運動の研究を続ける道のりは、決して平坦ではあり得ません。冷静に振り返っても、常に四面楚歌的状態にあったと表現して過言ではない気がします。

　ところが、智慧や勇気は窮地に陥ったときにこそ湧き出すもののようです。私は、「有機農業を白眼視する農水省の行政官たちに有無を言わせず有機農業を育成・支援させる方法」として、官僚が抵抗できない「議員立法」という形での「有機農業推進法」(仮称)の制定を思いつきました。1992年2月初旬のことです。そして同月中旬、私は意を決して、自民党の有機農業推進議員連盟(87年4月設立)の会長を務めておられた中西一郎先生を参議院議員会館にお訪ねし、有機農業の育成・発展をサポートするための法律を「議員立法として」制定してくださるよう"陳情"しました(この行為は国家公務員倫理規程に抵触する恐れがありますが、当時は知識が不足していました)。

　「法律の雛形を提示せよ」というのが、私への中西先生のご要望でした。そこで私は、研究公務員としての通常研究業務の合間をみて、欧米の有機農業法や有機農業基準を収集して法律の基本フレームを把握し、それらを日本の現状に合わせる作業を始めていきます。けれども、それは予想外に大変な作業で、通常研究業務が多忙であったこともあり、滞りがちになりました。そして、ご要望に応えることができぬまま、中西先生の訃報を1992年11月18日に聞くことになったのです。

　その後、有機農業推進議員連盟も1993年6月に呆気（あっけ）なく空中分解。2004年11月9日の有機農業推進議員連盟設立の朗報に接するまで12年間、先行き不透明な冬の時代におかれることになりました。

新たな議員連盟は名称こそ以前と同じですが、大きく違ったのは谷津義男先生（自民党衆議院議員、元農林水産大臣）を会長、ツルネン・マルテイ先生（民主党参議院議員）を事務局長に据えた、自民党から共産党まで、衆参両議院の国会議員が加盟する、文字どおり「超党派」の議員連盟であったことです。そして、有機農業の推進を支持する関係者（生産者・消費者・流通業者・研究者および各団体など）の協力を得つつ、2006年12月8日に「有機農業の推進に関する法律」（通称：有機農業推進法）を「議員立法として」制定してくださいました。
　この有機農業推進法は、私ども日本有機農業学会・有機農業政策研究小委員会が2005年8月に発表した「有機農業推進法（試案）」（通称：学会試案）を"たたき台"にして多面的な検討が加えられ、成文化されたと側聞します。議連の存在（とりわけ、谷津会長とツルネン事務局長のご尽力）なくして「全会一致」による円滑な国会通過はあり得なかったと、感謝の念に耐えません。
　このような成果はあったのですが、私にとってのもうひとつの課題であった有機農業の生産力については、単発的な個別事例はいくつか入手したものの、統計処理が可能な量にはほど遠い状況でした。かと言って、孤立無援状態が続く身では、自ら全国調査を行う資金も時間も労力もありません。この分野の資料収集は長く「暗礁に乗り上げた状態」が続きました。本書で言及した拙稿「有機農業推進政策導入の可否をめぐる経済学的考察」（日本有機農業学会編『有機農業法のビジョンと可能性●有機農業研究年報Vol.5』コモンズ、2005年）は隔靴掻痒の思いで書いたものです。
　残念ながら、そうした状態のまま2006年3月に定年退職の日を迎えます。退職後は物価の安い海外で年金生活を楽しみつつ、著作執筆に励む計画を立てていた私は、望みどおり同年4月下旬にフィリピン・ミンダナオ島ダバオ市に移住。以後、ダバオ湾に浮かぶ木の葉の形をしたサマール島のサマール市の一村一品運動のお手伝いに精力を傾けてきました。
　そうしたなかで、本書上梓の契機となるバッジリー助教らの共同論文に出合うことになります。私にとって、この共同論文との「出合い」は、正確には「出逢い」とすべきものでした。俗っぽく、かつ、大げさに表現すれば、「半年弱の京都大学農学部助手時代も含めて、30余年の長きにわたり、恋焦が

れてきた恋人に、ようやく出逢えた」という、心の奥底から湧き上がる大きな喜びだったのです。共同論文をダウンロードした日の夜、興奮のあまり、なかなか寝付けなかったことが、いまも思い出されます。

　喜色満面、破顔一笑、歓天喜地、有頂天外、欣喜雀躍、狂喜乱舞……。辞書で四字熟語を引けばさまざまな表現が見つかりますが、まさに、その境地です。

　そして、私は「この歓びを有機農業(運動)を実践・支援・支持する人びとと分かち合いたい」と思い、本書を書き上げました。本書が、有機農業生産者、有機農業(運動)を支援してくださった関係者(消費者・流通業者・食品加工業者・研究者)の皆様、そして"究極の支援"である有機農業推進法を制定してくださった有機農業推進議員連盟の先生方(とりわけ谷津義男会長、ツルネン・マルテイ事務局長)の今後のご活動にいささかでもお役に立てるなら、筆者として、これに勝る喜びはありません。

　末筆になりましたが、本書がもし正確で読みやすい著作になりえているとすれば、それはすぐれた編集者でありライターでもあるコモンズの大江正章氏の力に負うところが大です。ここに記して感謝の意を表します。

　　2009年6月

　　　　　　　　　　　　　　　　　　　ダバオにて　足立恭一郎

【著者紹介】
足立恭一郎（あだち　きょういちろう）
1945 年　奈良県生まれ。
1974 年　京都大学大学院農学研究科博士課程修了。
1975 年　京都大学農学部助手(5 月～9 月)。
　　　　農林省農業総合研究所(当時)に出向。
2006 年　農林水産省農林水産政策研究所を定年退職。
現　　在　フィリピン・ミンダナオ島ダバオ市在住。
専　　門　農業経済学。農学博士(京都大学)。
著　　書　『食農同源──腐蝕する食と農への処方箋』(コモンズ、2003 年)。
共　　著　『人間にとって農業とは』(坂本慶一編著、学陽書房、1989 年)、『現代日本の農業観──その現実と展望』(祖田修・大原興太郎編著、富民協会、1994 年)、『有機農業──21 世紀の課題と可能性●有機農業研究年報 Vol.1』(日本有機農業学会編、コモンズ、2001 年)、『有機農業法のビジョンと可能性●有機農業研究年報 Vol.5』(日本有機農業学会編、コモンズ、2005 年)。
論　　文　有機農業、食の安全、韓国の農政改革などに関するもの多数。

有機農業で世界が養える

2009年7月30日●初版発行

著者●足立恭一郎

© Kyoichiro Adachi, 2009, Printed in Japan

発行者●大江正章
発行所●コモンズ
東京都新宿区下落合 1-5-10-1002
☎03-5386-6972　FAX03-5386-6945

振替　00110-5-400120

info@commonsonline.co.jp
http : //www.commonsonline.co.jp/

印刷・東京創文社　製本／東京美術紙工
乱丁・落丁はお取り替えいたします。

ISBN 978-4-86187-060-6　C 1061

◆コモンズの本◆

食農同源 腐蝕する食と農への処方箋	足立恭一郎	2200円
食べものと農業はおカネだけでは測れない	中島紀一	1700円
いのちと農の論理 地域に広がる有機農業	中島紀一編著	1500円
天地有情の農学	宇根豊	2000円
いのちの秩序 農の力 たべもの協同社会への道	本野一郎	1900円
有機農業の思想と技術	高松修	2300円
有機農業が国を変えた 小さなキューバの大きな実験	吉田太郎	2200円
有機的循環技術と持続的農業	大原興太郎編著	2200円
菜園家族21 分かちあいの世界へ	小貫雅男・伊藤恵子	2200円
みみず物語 循環農場への道のり	小泉英政	1800円
地産地消と循環的農業 スローで持続的な社会をめざして	三島徳三	1800円
農家女性の社会学 農の元気は女から	靍理恵子	2800円
幸せな牛からおいしい牛乳	中洞正	1700円
教育農場の四季 人を育てる有機園芸	澤登早苗	1600円
耕して育つ 挑戦する障害者の農園	石田周一	1900円
都会の百姓です。よろしく	白石好孝	1700円
わたしと地球がつながる食農共育	近藤惠津子	1400円
バイオ燃料 畑でつくるエネルギー	天笠啓祐	1600円
無農薬サラダガーデン	和田直久	1600円
半農半Xの種を播く やりたい仕事も、農ある暮らしも	塩見直紀他編著	1600円

〈有機農業研究年報 Vol.1〉
有機農業──21世紀の課題と可能性	日本有機農業学会編	2500円

〈有機農業研究年報 Vol.2〉
有機農業──政策形成と教育の課題	日本有機農業学会編	2500円

〈有機農業研究年報 Vol.3〉
有機農業──岐路に立つ食の安全政策	日本有機農業学会編	2500円

〈有機農業研究年報 Vol.4〉
有機農業──農業近代化と遺伝子組み換え技術を問う	日本有機農業学会編	2500円

〈有機農業研究年報 Vol.5〉
有機農業法のビジョンと可能性	日本有機農業学会編	2800円

〈有機農業研究年報 Vol.6〉
いのち育む有機農業	日本有機農業学会編	2500円

〈有機農業研究年報 Vol.7〉
有機農業の技術開発の課題	日本有機農業学会編	2500円

〈有機農業研究年報 Vol.8〉
有機農業と国際協力	日本有機農業学会編	2500円